能源与电力分析年度报告系列

2017
中国节能节电
分析报告

国网能源研究院有限公司　编著

U0293148

中国电力出版社
CHINA ELECTRIC POWER PRESS

内 容 提 要

《中国节能节电分析报告》是能源与电力分析年度报告系列之一，主要对国家出台的节能节电相关政策法规和先进的技术措施进行系统梳理和分析评述，分析测算重点行业和全社会节能节电成效，为准确把握我国节能形势、合理制定相关政策和措施提供决策参考和依据。

本报告对我国 2016 年节能节电面临的形势、出台的政策措施、先进的技术实践以及全社会节能节电成效进行了深入分析和总结，并重点分析工业、建筑、交通运输领域的经济运行情况、能源电力消费情况、能耗电耗指标变动情况以及主要节能节电成效。

本报告具有综述性、实践性、趋势性、文献性等特点，内容涉及经济分析、能源电力分析、节能节电分析等多个专业，覆盖工业、交通、建筑等多个领域，适合节能服务公司、高校、科研机构、政府及投资机构从业者参考使用。

图书在版编目（CIP）数据

中国节能节电分析报告.2017/国网能源研究院有限公司编著 . —北京：中国电力出版社，2017.11（2017.12 重印）

（能源与电力分析年度报告系列）

ISBN 978 - 7 - 5198 - 1394 - 9

Ⅰ.①中… Ⅱ.①国… Ⅲ.①节能－研究报告－中国－2017②节电－研究报告－中国－2017 Ⅳ.①TK01

中国版本图书馆 CIP 数据核字（2017）第 283943 号

出版发行：中国电力出版社
地　　址：北京市东城区北京站西街 19 号（邮政编码 100005）
网　　址：http：//www.cepp.sgcc.com.cn
责任编辑：娄雪芳　董艳荣（010-63412375）
责任校对：常燕昆
装帧设计：张　娟　王英磊
责任印制：蔺义舟

印　　刷：三河市百盛印装有限公司
版　　次：2017 年 11 月第一版
印　　次：2017 年 12 月北京第二次印刷
开　　本：700 毫米×1000 毫米　16 开本
印　　张：13.25
字　　数：156 千字
定　　价：50.00 元

能源与电力分析年度报告
编 委 会

主　　任　张运洲

委　　员　吕　健　蒋莉萍　柴高峰　李伟阳　李连存　张　全
　　　　　王耀华　牛忠宝　郑厚清　单葆国　郑海峰　鲁　刚
　　　　　马　莉　韩新阳　李琼慧　张　勇　李成仁

《中国节能节电分析报告》
编 写 组

组　　长　单葆国

副 组 长　吴　鹏　刘小聪

特邀专家　王庆一

成　　员　王成洁　唐　伟　王　向　徐　朝　冀星沛　张　煜
　　　　　李　军　段金辉　贾跃龙　王　欣

前　言

国网能源研究院有限公司多年来紧密跟踪全社会及重点行业节能节电、电力需求侧管理、能源替代的进展，开展节能节电成效分析、政策与措施分析，形成年度系列分析报告，为科研单位、节能服务行业、政府部门、投资机构提供了有价值的决策参考和信息。

节能减排不仅是提高能源利用效率、节省化石能源消费、减少污染物排放、治理大气污染的有效手段和必要措施，而且也是优化产业结构、实现新型工业化、发展战略性新兴产业的重要抓手。"十二五"期间，我国 GDP 能耗持续加速下降，"十二五"能耗累计下降 18.1％，超额完成 16％的规划目标。"十三五"规划纲要提出，到 2020 年全国单位 GDP 能耗比 2015 年下降 15％，单位 GDP 二氧化碳排放比 2015 年下降 18％。2016 年是"十三五"开局之年，研究 2016 年的节能工作具有重要意义，对实现"十三五"节能目标有参考价值。

本报告分为概述、节能篇、节电篇和专题篇四部分。

概述主要从我国面临的能源瓶颈、环境压力等方面说明节能工作的重要性、紧迫性，在分析全社会主要节能措施及效果的基础上，总结工业、建筑、交通运输等主要领域及全社会节能节电效果，并对未来我国节能工作进行了展望和建议。

节能篇主要从我国能源消费情况，以及工业、建筑、交通运输等领域的具体节能工作进展等方面对全社会节能成效进行分析，共分5章。第1章介绍了2016年我国能源消费的主要特点；第2章分析了工业领域的节能情况，重点分析了钢铁工业、有色金属工业、建材工业、石油和化学工业、电力工业的行业运行情况、能源消费特点、节能措施和节能成效；第3章分析了建筑领域的节能情况；第4章分析了交通运输领域中公路、铁路、水路、民航等细分领域的节能情况；第5章对我国全社会节能成效进行了分析汇总。

节电篇主要从我国电力消费情况，以及工业、建筑、交通运输等领域的节电工作进展等方面对全社会节电成效进行分析，共分5章。第1章介绍了2016年我国电力消费的主要特点；第2章分析了工业重点领域的节电情况；第3章分析了建筑领域的节电情况；第4章分析了交通运输领域的节电情况；第5章对全社会节电成效进行了分析汇总。

专题篇主要介绍了G20能效引领计划的背景、概况及对我国的影响；解读了《电力需求侧管理办法（修订版）》的背景，对比了两版办法的区别；简要介绍了国家电力需求侧管理平台的建设背景、主要内容特点、平台架构功能和技术架构及平台应用情况。

此外，本报告在附录中摘录了部分能源电力数据、节能减排政策、"十三五"主要领域节能相关目标、能效及能耗限额标准等。

本报告概述由刘小聪、吴鹏主笔；节能篇由王成洁、吴鹏、刘小聪、唐伟、王向、徐朝、冀星沛、张煜主笔；节电篇由王成洁、吴鹏、刘小聪、唐伟、王向、徐朝、冀星沛、张煜主笔；专题篇由李军、吴鹏、段金辉、贾跃龙主笔；附录由王欣、刘小聪主笔。全书由刘小聪统稿，吴鹏校核。王庆一教授为本报告的编写提供了部分基础数据，并对研究团队的建设和培养给予了无私帮助。

　　限于作者水平，虽然对书稿进行了反复研究推敲，但难免仍会存在疏漏与不足之处，恳请读者谅解并批评指正！

编 著 者

2017 年 11 月

目 录

节 能 篇

节　电　篇

概　　述

节约资源和保护环境是我国的基本国策。推进节能减排工作、加快建设资源节约型、环境友好型社会是我国的一项重大战略任务，同时也是长期以来国家经济发展的一项长远战略方针。

党的十八大报告首次明确提出"美丽中国"概念，提出将生态文明建设纳入"五位一体"总体布局，过去五年党中央将生态文明融入了经济建设、政治建设、文化建设、社会建设各方面和全过程，生态文明建设成效显著。党的十九大报告首次将"美丽"作为社会主义现代化强国的限定词之一，并将"坚持人与自然和谐共生"列入新时代坚持和发展中国特色社会主义的基本方略中，提出要"加快生态文明体制改革，建设美丽中国"，明确必须坚持节约优先方针，形成节约资源和保护环境的空间格局、产业结构、生产方式、生活方式，要推进绿色发展、着力解决突出环境问题、加大生态系统保护力度、改革生态环境监管体制。

党的十九大报告明确提出"推进能源生产和消费革命，构建清洁低碳、安全高效的能源体系"。《"十三五"规划纲要》中阐述为"建设现代能源体系，深入推进能源革命，着力推动能源生产利用方式变革，优化能源供给结构，提高能源利用效率，建设清洁低碳、安全高效的现代能源体系；推进资源节约集约利用，树立节约集约循环利用的资源观，推动资源利用方式根本转变，加强全过程节约管理，大幅提高资源利用综合效益"。《能源发展"十三五"规划》进一步表述为

"坚持节约优先，强化引导和约束机制，抑制不合理能源消费，提升能源消费清洁化水平，逐步构建节约高效、清洁低碳的社会用能模式"。《能源生产和消费革命战略（2016－2030)》要求"推动能源消费革命，开创节约高效新局面"，实施能源消费总量和强度"双控"行动。

2016 年是"十三五"的开局之年，经各方努力，我国节能工作取得积极进展，全国单位国内生产总值能耗为 0.68tce/万元（按2010 年价格计算），比上年下降 4.6%❶。2016 年全年实现节能量2.18 亿 tce，相当于 2016 年能源消费总量 43.6 亿 tce 的 5.0%。

尽管工业产品单位能耗普遍下降，但总体来说，与国际先进水平相比仍有一定差距。2016 年，合成氨、墙体材料、乙烯、炼油单位能耗仍然较国际先进水平分别高出 50.1%、45.7%、29.9%、24.7%。根据 2016 年我国能耗水平以及国际先进水平测算，我国工业领域十种产品生产的节能潜力约 1.92 亿 tce。

一、节能形势

（一）节能是缓解资源环境约束的必然要求

目前我国处于工业化中后期，未来推动工业化进程和工业现代化仍然是我国经济发展的根本任务，能源需求仍将不断提升。这就意味着一段时期内我国能源生产与消费的矛盾、能源与环境的矛盾越来越突出：一方面我国能源资源储备有限，尤其是人均拥有量较低，资源开发难度较大，实现主体能源更替面临艰巨的挑战；另一方面国内生态矛盾较为突出，雾霾等突出环境问题依然十分严重。资源环境约束对经济社会发展的限制日趋严峻。

---

❶ 该数据根据《2017 中国统计年鉴》GDP 和能源消费量数据测算，为 2010 年可比价结果，《2016 年国民经济和社会发展统计公报》中 2016 年全国万元国内生产总值能耗下降 5.0%。

节能是满足能源需求的关键手段。据国际能源署❶测算，自 2000 年以来，中国通过提高能效和提高能源生产率实现节能 2.5 亿 toe（相当于终端能源消费总量的 12%）。为破解资源环境瓶颈约束，需进一步推进节能工作，把节能提效作为能源转型变革的关键环节和为满足能源需求增长的最优先来源，促进用能方式由粗放浪费型加快向集约高效型转变。

（二）节能是应对气候变化的重要举措

我国政府在全球气候治理体系中一直是责任担当，积极主动应对气候变化，并将其纳入经济社会发展的中长期规划。近年来我国碳排放量增速明显趋缓，特别值得一提的是，2015－2016 年碳排放总量连续两年下降；碳排放强度降幅明显，2000－2015 年间年均下降 2.3%。但我国碳排放总量仍居世界首位，碳排放强度为发达国家的 3～5 倍，并且高于世界平均水平。同时，未来经济社会发展所需的持续增长的能源需求仍需较大的排放空间支撑，应对气候变化的国际压力将在较长时间内存在。加快经济社会发展的绿色低碳转型，任务紧迫而艰巨。

节能是我国应对全球气候变化、减少温室气体排放的重要举措。国内外经验表明，节能和提高能效能够带来污染物和温室气体减排的协同效应。国际能源署研究表明，实现 2020 年能源强度降低 15% 的阶段性目标是我国实现 2030 碳排放达峰承诺的重要基础，届时整个经济体的碳强度水平会将比 2005 年降低 60%～65%。

（三）节能是保障能源安全的客观需求

从能源资源储量❷来看，截至 2016 年，我国煤炭人均煤炭储量

---

❶　《国际能源署能效市场报告中国特刊》。

❷　能源储量数据来源于《2017 中国统计年鉴》，能源进出口数据来源于国家统计局。

181t，约为世界平均水平的 1.2 倍；人均石油储量 2.5t，仅为世界平均水平的 8%；人均天然气储量 0.39 万 m^3，约为世界平均水平的 16%。按 2016 产量计算，煤炭可开采年限仅为 72 年，天然气可采年限不足 40 年，石油可采年限不足 20 年。

我国自 1993 年起成为石油净进口国，1997 年成为能源净进口国，2007 年成为天然气净进口国，2009 年成为煤炭净进口国。2016 年，全国能源净进口 8 亿 tce。我国煤炭、原油、天然气等进口快速增长，增幅均超过 10%，油气对外依存度快速提升。2016 年煤炭进口 2.55 亿 t，出口 879 万 t，净进口 2.46 亿 t；原油进口 3.81 亿 t，同比上升 13.6%，石油对外依存度已达 64.4%；天然气进口量 745 亿 m^3，同比增长 21.9%，对外依存度达 34.2%。能源对外依存度的提高，意味着供应风险、价格风险以及地缘政治风险和外交风险的增加，需要高度警惕。

倡导节能发展模式，全面推广节能技术、清洁能源技术是解决我国环境与能源安全问题的关键手段。节能降耗可以有效抑制不合理的能源消费，缓解能源需求过快增长的压力，控制能源对外依存度的过快提高，同时有利于稳定国际能源价格，对提高国家能源安全提供全面、有效的支撑。

（四）节能是经济转型升级的内在需求

当前我国经济发展进入"新常态"，经济、能源消费增速放缓，产业结构优化不断加快，增长动力由投资拉动转向创新驱动，新的产业、业态和增长点不断涌现。节能的重要内涵之一是在减少投入及较少的负面产出前提下实现有效率、绿色环保甚至是创新市场供给，与我国当前经济发展需求高度吻合。推进节能减排，可以有效推动能源利用技术效率和经济效益提升，促进经济提质增效。

同时，发展节能环保产业是培育发展新动能、提升绿色竞争力的重大举措。在国家一系列政策支持和全社会共同努力下，我国节能环保产业发展取得显著成效，在短短十余年间企业数量就超过5000家，产业规模达到世界第一，带动从业人员超过60万，并且有望成为战略性新兴产业的重要支柱。

二、节能政策及措施

（一）出台能源宏观战略，明确能源发展目标

2016年是"十三五"开局之年，《能源发展"十三五"规划》《能源生产和消费革命战略（2016－2030）》等能源领域的宏观战略相继出台，明确了能源发展目标。"节约低碳""节约高效"是能源消费革命的重要组成部分。

《能源发展"十三五"规划》提出坚持节约优先，强化引导和约束机制，抑制不合理能源消费，提升能源消费清洁化水平，逐步构建节约高效、清洁低碳的社会用能模式，并明确到2020年单位国内生产总值能耗比2015年下降15%，煤电平均供电煤耗下降到每千瓦时310gce以下，电网线损率控制在6.5%以内；单位国内生产总值二氧化碳排放比2015年下降18%。

《能源生产和消费革命战略（2016－2030）》指出我国能源发展正进入从总量扩张向提质增效转变的全新阶段，并明确提出"强化约束性指标管理，同步推进产业结构和能源消费结构调整，有效落实节能优先方针，全面提升城乡优质用能水平，从根本上抑制不合理消费，大幅度提高能源利用效率，加快形成能源节约型社会"，并提出控制能源消费总量、降低能耗强度的目标，2020年和2030年能源消费总量分别不超过50亿、60亿tce。

（二）实施节能重大战略行动，推进重点领域率先突破

2016年12月，国务院印发了《"十三五"节能减排综合工作方案》（国发〔2016〕74号），该方案被视作指导"十三五"全国节能

减排工作的纲领性文件，其将"十三五"能源消费总量和强度"双控"目标分解到各省（区、市），提出了主要行业和部门节能目标，并从优化产业和能源结构、加强重点领域节能等 11 个方面明确了推进节能减排工作的具体措施。

为切实落实节能优先战略，确保完成"十三五"节能减排相关目标，国家发展改革委、科技部、工业和信息化部、财政部、住房和城乡建设部等 13 部委印发了《"十三五"全民节能行动计划》（发改环资〔2016〕2705 号），重点部署了节能产品推广行动、重点用能单位能效提升行动、工业能效赶超行动、建筑能效提升行动、交通节能推进行动、公共机构节能率先行动、节能服务产业倍增行动、节能科技支撑行动、居民节能行动、节能重点工程推进行动等十项行动计划。

（三）推动实施电能替代，优化能源消费结构

电能替代是在终端能源消费环节，使用电能替代散烧煤、燃油的能源消费方式。电能具有清洁、安全、便捷等优势，其终端利用效率高于化石能源的直接利用效率。根据国网能源研究院的测算，我国近 30 年来电气化水平提升与能源消费强度呈负相关关系，电能占终端能源消费比重每提升 1 个百分点，单位 GDP 能耗下降 3％～4％。实施电能替代对于推动能源消费革命、落实国家能源战略、促进能源清洁化发展意义重大。

2016 年 5 月，国家发展改革委等八部委联合印发了《关于推进电能替代的指导意见》（发改能源〔2016〕1054 号），从推进电能替代的重要意义、总体要求、重点任务和保障措施四个方面提出了指导性意见。这是首次将电能替代上升为国家落实能源战略、治理大气污染的重要举措。之后国家相关部委又陆续出台了京津冀煤改电、船舶与港口防治专项行动等电能替代政策要求，各地也相继出台扶持政策助推电能替代项目的实施。

2016 年 11 月发布的《电力发展"十三五"规划》明确提出"实施电能替代，优化能源消费结构"，并提出 2020 年实现电能替代新增用电量约 4500 亿 kW·h、能源终端消费环节电能替代散煤、燃油消费总量约 1.3 亿 tce 的目标。

2016 年 12 月 21 日召开的中央财经领导小组第十四次会议上，习近平总书记强调，要按照企业为主、政府推动、居民可承受的方针，宜气则气，宜电则电，尽可能利用清洁能源，加快提高清洁供暖比重。

（四）制定工业领域发展规划，提升工业节能发展水平

工业能源消费是我国能源消费的重点领域，工业领域能效提升是实现全社会节能目标的关键。为贯彻落实国家相关战略，促进工业绿色发展，工业和信息化部出台了《工业绿色发展规划（2016－2020年）》（工信部规〔2016〕225 号），制定了"十三五"时期工业绿色发展主要指标，提出了十项重点任务，并明确提出"大力推进能效提升，加快实现节约发展；以供给侧结构性改革为导向，推进结构节能；以先进适用技术装备应用为手段，强化技术节能；以能源管理体系建设为核心，提升管理节能"。

此外，为提升工业领域节电成效，工业和信息化部发布了《工业领域电力需求侧管理专项行动计划（2016－2020 年）》（工信厅运行函〔2016〕560 号），提出"到 2020 年，实现参与行动的工业企业单位增加值电耗平均水平下降 10％以上"的目标，并明确了制定工业领域电力需求侧管理工作指南、建设工业领域电力需求侧管理系统平台、推进工业领域电力需求侧管理示范推广、支持电力需求侧管理技术创新和产业化应用以及加快培育电能服务产业五项重点任务。

（五）完善节能财政、价格政策

为加快新能源汽车充电基础设施建设，培育良好的新能源汽车应

用环境，财政部、科技部、工业和信息化部、国家发展改革委和国家能源局联合发布《关于"十三五"新能源汽车充电基础设施奖励政策及加强新能源汽车推广应用的通知》，通知指出 2016－2020 年中央财政将继续安排资金对充电基础设施建设、运营给予奖补，奖补资金应当专门用于支持充电设施建设运营、改造升级、充换电服务网络运营监控系统建设等相关领域。

在农业节能方面自 2012 年起，国家发展改革委、财政部、农业部共同组织开展了蔬菜废弃物利用、农用地膜回收利用等农业清洁生产示范项目建设并利用财政专项资金予以支持，农业清洁生产示范项目财政补助资金实行先行拨付 70％，后期项目建成并经验收合格后拨付剩余补助资金的方式，2016 年 6 月国家发展改革委办公厅、财政部办公厅、农业部办公厅发布了《关于同意农业清洁生产示范项目验收的通知》，对通过验收的 148 个项目拨付剩余的补助资金。

为支持可再生能源发展，国家发展改革委发布《关于降低燃煤发电上网电价和一般工商业用电价格的通知》，通知指出自 2016 年 1 月 1 日起，下调全国燃煤发电上网电价和一般工商业用电价格，支持燃煤电厂超低排放改造和可再生能源发展，并利用燃煤发电上网电价部分降价空间，设立工业企业结构调整专项资金。除了节能燃煤发电的政策支持，在鼓励可再生能源发电层面也有相关的推进政策，2016 年 8 月，国家发展改革委发布了《关于太阳能热发电标杆上网电价政策的通知》（发改价格〔2016〕1881 号），核定在 2016 年组织实施的太阳能热发电示范项目中的上网电价为每千瓦时 1.15 元（含税），同时指出鼓励地方相关部门对太阳能热发电企业采取税费减免、财政补贴、绿色信贷、土地优惠等措施，多措并举促进太阳能热发电产业发展。2016 年 12 月，国家发展改革委发布《关于调整光伏发电陆上风电标杆上网电价的通知》（发改价格〔2016〕2729 号），为落实风电、光伏电价 2020 年实现平价上网的目标要求，决定降低光伏发电和陆上风电标杆上网电价，具体措施为光伏发电、陆上风电上网电价在当地燃煤机组标杆上网电价（含脱硫、脱硝、除尘电价）以内的部分由当地省级电网结算，高出部分通过国家可再生能源发展基金予以补贴。

为切实加强可再生能源发展基金征收管理，2016 年 1 月，财政部和国家发展改革委发布了《关于提高可再生能源发展基金征收标准等有关问题的通知》，公布了居民生活和农业生产以外全部销售电量的基金征收标准，同时指出对企业自备电厂以前年度欠缴基金足额补征，支持可再生能源的持续发展。

（六）政府推广和采购节能产品

为促进高效节能产品和技术的推广应用，工业和信息化部每年都会经过各地工业和信息化主管部门以及行业协会推荐、专家评审等编制出节能产品和推荐目录，2016 年 1 月，国家能源局发布了《关于煤炭安全绿色开发和清洁高效利用先进技术与装备拟推荐目录（第一批）》通知，推荐了 15 项煤炭开发方面的节能技术与装备。2016 年 9 月，工业和信息化部公布了《节能机电设备（产品）推荐目录（第七批）》和《"能效之星"产品目录（2016）》，其中涵盖锅炉、变压器、电动机、泵、电动洗衣机、热水器、液晶电视、房间空气调节器等类别。

同时政府通过判别产品的节能性和技术水平等因素将一批节能性高、产品性能优秀的设备纳入节能产品政府采购清单，促进了节能高效产品的推广应用，支持节能环保企业发展。2016 年 7 月，财政部和国家发展改革委公布了第二十期节能产品政府采购清单，其中，台式计算机、便携式计算机、平板式微型计算机、激光打印机、液晶显示器、制冷空调设备、空调机、电热水器、普通照明用自镇流荧光灯、监视器等品目为政府强制采购的节能产品，其余产品为优先采购。

2016 年全国政府采购规模为 31 089.8 亿元，占全国财政支出和 GDP 的比重分别为 11% 和 3.5%。全国强制和优先采购节能产品规模达到 1344 亿元，占同类产品采购规模的 76.2%。全国优先采购环保产品规模达到 1360 亿元，占同类产品采购规模的 81.5%。

三、节能节电成效

（一）全国单位 GDP 能耗和电耗均持续下降

全国单位 GDP 能耗保持逐年快速下降态势。2016 年，全国单位 GDP 能耗为 0.677tce/万元（按 2010 年价格计算，下同），比上年下降 4.6%，高于"十二五"期间年均下降速度 0.6 个百分点。与 2010 年相比，累计下降 22.2%。自 2012 年以来，我国单位 GDP 能耗一直保持较快下降速度，2012—2015 年分别同比下降 4.7%、3.7%、5.1%、5.3%。

全国单位 GDP 电耗同比持续下降。2016 年，全国单位 GDP 电耗 928kW·h/万元，比上年下降 1.6%，与 2010 年相比累计下降 8.7%。"十一五"以来，我国单位 GDP 电耗水平呈波动变化趋势。其中，2006、2007 年比上年分别上升 1.6% 和 0.5%，2008、2009 年比上年分别下降 3.8% 和 2.7%，2010、2011 年比上年分别上升 3.8% 和 2.3%，2012 年以来连续五年又呈现下降趋势。

（二）多数产品单位能耗和电耗普遍下降，但与国际先进水平相比仍有一定差距

多数工业产品能耗普遍下降。2016 年，在国家节能减排工作的大力推进下，大多数制造业产品能耗普遍下降。其中，吨粗铜综合能耗、吨钢综合能耗、单位烧碱综合能耗、合成氨综合能耗、墙体综合能耗、平板玻璃综合能耗、每千瓦时火力发电标准煤耗分别比 2015 年下降 9.4%、0.08%、2.0%、0.6%、1.6%、3.0%、0.97%，并

且平板玻璃、烧碱的能耗已与国际先进水平相当。

我国高耗能行业节能潜力巨大。尽管 2016 年工业产品能耗普遍下降，但多数产品与国际先进水平相比仍有一定差距。根据我国 2016 年能耗水平以及国际先进水平测算，我国工业领域十个产品❶生产的节能潜力约 1.92 亿 tce，其中建筑陶瓷、钢铁、电力、水泥、合成氨、墙体材料、炼油分别约 3600 万、3083 万、3029 万、2892 万、2831 万、1630 万、974 万 tce。

（三）全面推广电能替代，助力能源绿色发展

2016 年是国家层面全面推广电能替代的第一年，各方积极贯彻国家八部委关于推进电能替代的指导意见，电能替代成效初显。2016 年，全国共推广电能替代项目 4.1 万个，完成替代电量 1079 亿 kW·h。其中，工业、交通、农业领域分别完成替代电量 480.4 亿、130.19 亿、55.85 亿 kW·h❷。

国家电网公司在全面推进各领域实施替代的同时，重点推进自备电厂替代和居民家居生活替代；并推动成立电能替代产业发展促进联盟。南方电网公司印发《南方电网公司电能替代工作指导意见》，明确提出要结合南方五省区各自特点，因地制宜推广各类电能替代技术。

（四）节电量同比上升

（1）节能量。2016 年与 2015 年相比，我国单位 GDP 能耗下降实现全社会节能量 2.18 亿 tce，占 2016 年能源消费总量的 5.0%，可减少 CO_2 排放 4.8 亿 t，减少 SO_2 排放 100.9 万 t，减少氮氧化物排放

---

❶ 根据与国际先进水平差别较大的十种产品测算，包括电力、钢铁、电解铝、水泥、墙体材料、建筑陶瓷、炼油、乙烯、合成氨、电石，国际先进水平数据来源于王庆一《2016 能源数据》。

❷ 电能替代数据来源于《中国电力行业年度发展报告 2017》。

106.4 万 t。

2016 年与 2015 年相比，全国工业、建筑、交通运输部门合计实现技术节能量至少 8025 万 tce，占全社会节能量的 36.8%。其中工业、建筑、交通部门分别实现节能量 2970 万、4094 万、961 万 tce；分别占全社会节能量 13.6%、18.8%、4.4%。

(2) 节电量。2016 年与 2015 年相比，我国工业、建筑、交通运输部门合计实现节电量 2746 亿 kW·h。其中，工业部门节电量约为 564 亿 kW·h，建筑部门节电量为 2182 亿 kW·h，交通运输部门节电量至少 0.24 亿 kW·h。节电量可减少 CO_2 排放 1.5 亿 t，减少二氧化硫排放 30.2 万 t，减少氮氧化物 30.2 万 t。

四、节能工作展望

（一）强化产业结构调整，深入推进结构节能

产业结构优化调整与技术进步、管理提升并列为节能的三大重要途径。通过产业结构调整推进传统产业转型升级、淘汰落后产能、严格控制新增产能，有利于促进行业发展提质增效。伴随着经济进入新常态，结构调整对节能减排的贡献逐步增大。"十二五"期间我国淘汰落后产能工作取得显著成效，钢铁、建材、有色金属、轻工、纺织和食品等重点领域淘汰落后产能任务均提前一年完成。"十三五"期间将持续推进产能结构调整，一方面重点任务将由淘汰落后产能转变为化解过剩产能；另一方面结构优化调整将逐步向产业内部的结构优化拓展，聚焦转型升级的关键环节，升级产品结构、改善产品质量、提升产品附加值，在助力供给侧结构性改革的同时，进一步提升节能减排成效。

（二）实施技术创新驱动，加快能效赶超升级

技术创新与技术进步是完成供给侧结构性改革、实现产品供给转型升级的关键，也是有效实现节能减排最重要的方式。"十一五"以

来，我国能源利用效率持续提升，部分行业技术效率达到世界先进水平，但我国整体能源利用水平与发达国家相比还有一定差距，节能降耗领域的技术先进与落后并存，仍需进一步提高技术创新与技术效率，加快绿色科技创新，加强节能共性技术的研发与应用。

（三）发展节能服务产业，驱动社会绿色转型发展

发展节能环保产业是促进节能减排的重要战略之一，也是推进管理节能的重要措施。"十二五"期间，受益于相关政策的支持、市场机制的逐步完善，节能服务产业快速发展，行业规模稳步增长。当前我国能源利用效率较低，节能市场具有巨大的发展潜力，特别是在工业、建筑、民用节能等方面。节能服务产业面临着重大机遇，同时伴随着"互联网＋节能"模式的应用，节能服务也将逐步从提供单项服务向提供综合、整体性解决方案转变。

（四）大力推进电能替代，构建清洁、安全、高效、智能的新型能源消费体系

"十三五"是中国能源转型的关键期，加快电力发展是推动能源结构从化石能源为主向清洁能源为主转变的重要载体。推进电能替代，推动清洁能源利用，提高非化石能源消费占一次能源消费的比重和电力消费占终端能源消费比重，是构建新型能源体系的重要内容。根据《关于推进电能替代的指导意见》要求，未来需在北方居民采暖领域、生产制造领域、交通运输领域、电力供应与消费领域积极推进电能替代。

（五）推行绿色制造，促进低碳循环发展

绿色制造是生态文明建设的重要内容。《中国制造 2025》提出，要全面推行绿色制造，加大先进节能环保技术、工艺和装备的研发力度，加快制造业绿色升级；积极推行低碳化、循环化和集约化，提高制造业资源利用效率；强化产品全生命周期管理，努力构建绿色制造

体系。2016 年，《工业绿色发展规划（2016－2020 年）》《绿色制造工程实施指南（2016－2020 年）》相继出台，标志着以高效、清洁、低碳、循环为特征的绿色制造体系建设进程加快。未来需引导企业加快绿色改造升级、积极推行低碳化、循环化和集约化生产，提高资源利用效率，构建高效清洁、低碳循环的绿色制造体系。

（六）两化融合，促进节能减排

两化融合是信息化和工业化的高层次的深度结合，两化融合的核心是信息化支撑，追求可持续发展模式。两化融合可以通过提升产品的智能化控制水平、生产管理的信息化水平促进节能工作。依托移动互联网、云计算、大数据、物联网等信息技术的发展，打造节能新模式。建设覆盖生产全流程的信息管理平台，实现重点行业生产过程在线监测、诊断；构建绿色数据中心和节能减排公共服务平台，利用信息化手段实现不同生产环节的衔接和不同行业之间的协同耦合，构建节能整体解决方案，提升节能成效。

节 能 篇

1

能 源 消 费

本 章 要 点

(1) 我国能源消费增速上升。 2016 年，全国一次能源消费量 43.6 亿 tce，比上年增长 1.4%，增速比 2015 年增加 0.5 个百分点，占全球能源消费的比重为 23.0%。

(2) 一次能源消费结构中煤炭比重下降，能源结构优化取得新进展。 2016 年，我国煤炭消费量占一次能源消费量的 62.0%，比上年下降 1.7 个百分点；占全球煤炭消费总量的 50.6%，比上年增加 0.59 个百分点。非化石能源消费量占一次能源消费量的比重达 13.3%，同比提高 1.2 个百分点。

(3) 工业用能在终端能源消费中持续占据主导地位。 2015 年，我国终端能源消费量为 31.69 亿 tce，其中，工业终端能源消费量为 20.97 亿 tce，占终端能源消费总量的比重为 66.2%。工业在终端能源消费中占据主导地位。

(4) 优质能源在终端能源消费中的比重逐步上升，但比重仍偏低。 煤炭占终端能源消费比重持续下降，电、气等优质能源的比重逐步增加。2015 年我国电力占终端能源消费总量的比重为 21.3%，比 2014 年上升 0.4 个百分点，与日本、法国等国家相比，仍低 3~5 个百分点。

(5) 人均能源消费量提高。 2016 年，我国人均能耗为 3153kgce，比上年增加 25kgce，比世界平均水平（2562kgce）高 591kgce，但与主要发达国家相比仍有明显差距。

1.1 一次能源消费

2016 年，全国一次能源消费量 43.6 亿 tce，比上年增长 1.4%，增速比上年增加 0.5 个百分点，增速比 2015 年增加 0.5 个百分点；占全球能源消费的比重为 23.0%❶。其中，煤炭消费量 27.03 亿 tce，同比降低 1.3%；石油消费量 7.98 亿 tce，增长 1.4%；天然气消费量 2.79 亿 tce，增长 10%。我国一次能源消费总量与构成见表 1-1-1。

表 1-1-1　　　　我国一次能源消费总量与构成

年份	能源消费总量（万 tce）	构成（能源消费总量为 100）			
		煤炭	石油	天然气	一次电力及其他能源
1980	60 275	72.2	20.7	3.1	4.0
1990	98 703	76.2	16.6	2.1	5.1
2000	146 964	68.5	22.0	2.2	7.3
2001	155 547	68.0	21.2	2.4	8.4
2002	169 577	68.5	21.0	2.3	8.2
2003	197 083	70.2	20.1	2.3	7.4
2004	230 281	70.2	19.9	2.3	7.6
2005	261 369	72.4	17.8	2.4	7.4
2006	286 467	72.4	17.5	2.7	7.4
2007	311 442	72.5	17.0	3.0	7.5
2008	320 611	71.5	16.7	3.4	8.4
2009	336 126	71.6	16.4	3.5	8.5
2010	360 648	69.2	17.4	4.0	9.4
2011	387 043	70.2	16.8	4.6	8.4
2012	402 138	68.5	17.0	4.8	9.7

❶　数据来源于《BP 世界能源统计年鉴 2017》。

续表

年份	能源消费总量（万 tce）	构成（能源消费总量为 100）			
		煤炭	石油	天然气	一次电力及其他能源
2013	416 913	67.4	17.1	5.3	10.2
2014	426 000	65.6	17.4	5.7	11.3
2015	429 905	63.7	18.3	5.9	12.1
2016	436 000	62.0	18.3	6.4	13.3

注 电力折算标准煤的系数根据当年平均发电煤耗计算。

数据来源：国家统计局，《中国能源统计年鉴 2016》《2017 中国统计年鉴》。

能源消费结构中煤炭比重继续下降。2016 年，我国煤炭占一次能源消费的比重为 62.0%，同比下降 1.7 个百分点，创历史新低；占全球煤炭消费的比重为 50.6%❶，与上年相比上升 0.59 个百分点。我国是世界上少数几个能源供应以煤为主的国家之一，美国煤炭占一次能源消费的比重为 15.8%，德国为 23.3%，日本为 26.9%，世界平均为 28.1%。2016 年，我国原油消费量比重与 2015 年持平；天然气比重上升 0.5 个百分点。非化石能源占一次能源消费的比重达13.3%，比上年上升 1.2 个百分点。

1.2 工业占终端用能比重

工业在终端能源消费中占据主导地位。2015 年，我国终端能源消费量为 31.69 亿 tce，其中，工业终端能源消费量为 20.97 亿 tce，占终端能源消费总量的比重为 66.2%，建筑占 2.0%，交通运输占 11.3%，农业占 2.0%。我国分部门终端能源消费情况见表 1 - 1 - 2。

---

❶ 数据来源于《2017 中国统计年鉴》《BP 世界能源统计年鉴 2017》。

表 1 - 1 - 2　　　　　　**我国分部门终端能源消费情况**

部门	2005 年		2010 年		2013 年		2014 年		2015 年	
	消费量(Mtce)	比重(%)	消费量(Mtce)	比重(%)	消费量(Mtce)	比重(%)	消费量(Mtce)	比重(%)	消费量(Mtce)	比重(%)
农业	50.3	2.6	53.3	2.1	61.2	2.0	62.1	2.0	63.3	2.0
工业	1 356.8	70.4	1 826.5	70.4	2 104.7	68.4	2 132.1	67.9	2 097.2	66.2
建筑业	29.3	1.5	45.8	1.8	57.4	1.9	61.8	2.0	64.2	2.0
交通运输	177.5	9.2	251.9	9.7	324.5	10.6	339.9	10.8	359.2	11.3
批发零售	41.1	2.1	52.9	2.0	70.6	2.3	71.6	2.3	75.3	2.4
生活消费	200.1	10.4	263.3	10.1	323.9	10.5	338.5	10.8	362.7	11.4
其他	72.6	3.8	102.0	3.9	133.6	4.3	133.5	4.2	147.2	4.7
总计	1 927.7	100	2 595.8	100	3 075.5	100	3 139.4	100	3 169.1	100

注　1. 数据来自《中国能源统计年鉴 2016》。终端能源消费量等于一次能源消
费量扣除加工、转换、储运损失。电力、热力按当量热值折算。
2. 我国统计的交通运输用油，只统计交通运输部门运营的交通工具的用油
量，未统计其他部门和私人车辆的用油量。该部分用油量为行业统计和
估算值。

1.3　优质能源比重

优质能源在终端能源消费中的比重逐步上升，但比重仍偏低。煤
炭占终端能源消费比重持续下降，电、气等优质能源的比重逐步增
加。2015 年电力占终端能源消费的比重为 21.3%，比 2014 年上升
0.4 个百分点❶，高于世界平均水平，与美国相当，但比日本、法国
等国家低 3~5 个百分点❷。煤炭比重偏高的终端能源消费结构是造
成我国环境污染严重的重要原因。

---

❶　资料来源于《中国能源统计年鉴 2016》。
❷　国外数据来源于 IEA。

1.4 人均能源消费量

人均能源消费量进一步提高。2016 年，我国人均能耗为 3153kgce，比上年增加 25kgce，比世界平均水平（2562kgce❶）高 591kgce，但与主要发达国家相比仍有明显差距，2016 年美国、欧盟、日本分别为 10 017、6029、5036kgce。2005 年以来我国人均能耗情况见图 1-1-1。

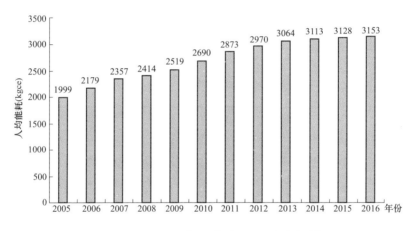

图 1-1-1 2005 年以来我国人均能耗情况

随着人均收入增加，人均能耗水平仍将逐步提高，未来我国能源消费需求将保持较快增长。

---

❶ 2016 年国外能源消费数据来源于 BP。

2

工 业 节 能

本 章 要 点

(1) 制造业多数产品单位能耗下降。 2016 年，在国家节能减排工作的大力推进下，大多数制造业产品能耗普遍下降。其中，铜冶炼综合能耗为 337kgce/t，比上年下降 9.4%；钢综合能耗为 898kgce/t，比上年下降 0.1%；烧碱综合能耗为 879kgce/t，比上年下降 2.0%；合成氨综合能耗为 1486kgce/t，比上年下降 0.6%；墙体综合能耗为 437kgce/万块标准砖，比上年下降 1.6%；平板玻璃综合能耗为 12.8kgce/重量箱，比上年下降 3.0%。

(2) 电力工业实现节能量较大。 电力工业采取的主要节能措施有：优化电源结构，提高非化石能源发电装机比重；研发推广高参数、大容量、高效技术；实施发电设备技术改造；实施多能互补集成优化示范工程；采用先进储能技术，减少弃风弃光电量；建立国家电网经营区电力交易平台，促进清洁能源消纳等。2016 年，全国 6000kW 及以上火电机组供电煤耗为 312gce/(kW·h)，比上年下降 3gce/(kW·h)；全国线路损失率为 6.49%，比上年降低 0.15 个百分点。与 2015 年相比，综合发电和输电环节节能效果，电力工业生产领域实现节能量 1514 万 tce。

(3) 工业部门实现节能量约为 2970 万 tce。 与 2015 年相比，2016 年制造业 14 种产品单位能耗下降实现节能量约 1019 万 tce，这些高耗能产品的能源消费量约占制造业能源消费量 60%～70%，据此推算，制造业总节能量约为 1456 万 tce。再考虑电力生产节能量 1514 万 tce，2016 年与 2015 年相比，工业部门实现节能量约为 2970 万 tce。

2.1 综述

工业部门一直在我国能源消费中占主导位置，2015 年，我国终端能源消费量为 31.69 亿 tce，其中，工业终端能源消费量为 20.97 亿 tce，占终端能源消费总量的比重为 66.2％，建筑占 2.0％，交通运输占 11.3％，农业占 2.0％❶。其中，黑色金属冶炼和压延加工业，有色金属冶炼和压延加工业，非金属矿物制品业，石油加工、炼焦和核燃料加工业，化学原料和化学制品制造业等制造业与电力、煤气及水生产和供应业的终端能源消费量占工业总能耗的比重分别为 31.0％、5.0％、14.0％、7.5％、18.9％、3.5％，总计约为 79.9％，本节将针对这些重点行业逐一深入分析。

2016 年，工业节能工作取得新进展，主要高耗能工业产品综合能耗下降。例如，铜冶炼综合能耗为 337kgce/t，比上年下降 9.4％；钢综合能耗为 898kgce/t，比上年下降 0.1％；烧碱综合能耗为 879kgce/t，比上年下降 2.0％；合成氨综合能耗为 1486kgce/t，比上年下降 0.6％；墙体综合能耗为 437kgce/万块标准砖，比上年下降 1.6％；平板玻璃综合能耗为 12.8kgce/重量箱，比上年下降 3.0％。

2016 年是"十三五"开局之年，淘汰落后产能、节能减排工作继续加快推进。工业部门节能减排，通过技术创新、淘汰落后、循环利用、流程优化、产业集中、政策管理、智能转型等多措并举：一是大力推动技术进步，促进生产新工艺、新技术推广应用；二是淘汰落后产能，严格控制"两高"和产能过剩行业新上项目；三是通过调整产业、产品、空间布局结构，实现结构节能；四是着力推进工业循环经济发展和资源综合利用、再利用，实现循环发展，包

---

❶ 电力、热力按当量热值折算。

括加强二次能源回收利用、大力发展再生金属产业、回收利用余热余压；五是加快节能信息化建设和能效监测，通过流程优化提高综合能效，实现高质量的能效管理；六是积极实施清洁生产和污染治理，推动清洁发展；七是宏观层面政府进一步完善节能减排管理体系和政策。

2.2 制造业节能

2.2.1 钢铁工业

（一）行业概述

（1）行业运行。

年度去产能任务超额完成。2016 年 2 月，国务院印发了《关于钢铁行业化解过剩产能实现脱困发展的意见》，提出了"十三五"期间压减粗钢产能 1 亿～1.5 亿 t 的工作目标。2016 年，全国钢铁行业共化解粗钢产能超过 6500 万 t，超额完成 2016 年化解 4500 万 t 粗钢产能的目标任务（其中，17 个省份已完成"十三五"期间的去产能任务），产能降为 10.7 亿 t，产能利用率为 75.5%，较 2015 年提高了 4.3 个百分点。

生产消费双增长，供大于求形势未有根本改观。受经济企稳向好带动，2016 年，全国粗钢产量由负转正，全年生产 8.08 亿 t[1]，同比增长 1.2%，增速提高 3.5 个百分点，2000－2016 年我国粗钢产量及增长情况见图 1-2-1。国内粗钢表观消费 7.1 亿 t，同比增长 1.3%。钢材（含重复材）产量 11.4 亿 t，同比增长 2.3%，增速提高 1.7 个百分点，2000－2016 年我国钢材产量及增长情况见图 1-2-2。

---

[1] 不含台湾地区钢铁企业数据，下同。

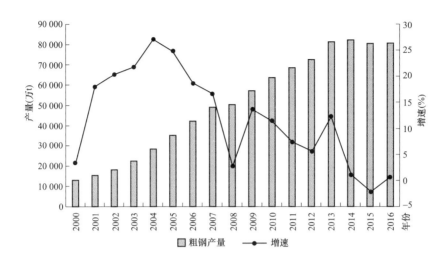

图 1-2-1　2000—2016 年我国粗钢产量及增长情况

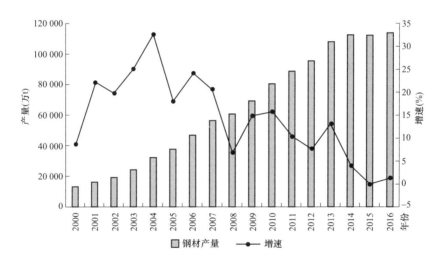

图 1-2-2　2000—2016 年我国钢材产量及增长情况

产业集中度持续下降，结构性调整有待深化。2015 年 3 月 20 日
工业和信息化部发布的《钢铁行业调整政策》指出：应加快兼并重组
步伐，混合所有制发展取得积极成效，形成 3～5 家在全球范围内具
有较强竞争力的超大型钢铁企业集团，以及一批区域市场、细分市场
的领先企业。2016 年 11 月工业和信息化部发布的《钢铁工业调整升

级规划（2016—2020 年）》要求：2020 年前十家钢铁企业产业集中度
应达到 60％及以上。2016 年，中国宝武钢铁集团有限公司成立后，
粗钢产量前四家的企业合计产量占全国比重为 21.7％，同比提高 3.2
个百分点，粗钢产量前 10 家企业产量占全国产量的 34.1％，同比下
降 0.1 个百分点，兼并重组步伐有待加快。

钢材出口量由正转负，国际贸易摩擦升温。2016 年我国出口钢
材 10 843 万 t，同比减少 3.5％，自 2010 年以来首次同比下滑，对化
解国内钢铁产能过剩造成了压力。2016 年钢材出口量为 1321 万 t，
同比增长 3.3％，进口增速由负转正。我国钢材进、出口量及增速年
度走势见图 1-2-3 和图 1-2-4。

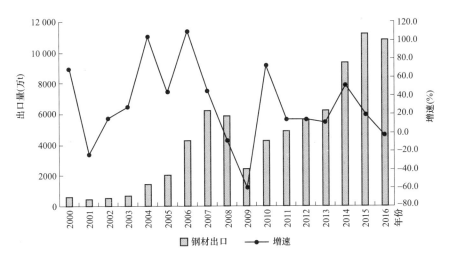

图 1-2-3　2000—2016 年我国钢材出口量及增速年度走势

钢铁行业扭亏为盈。2016 年随着钢铁去产能工作的推进和市
场需求的回升，钢材价格震荡上涨，钢铁行业实现扭亏为盈。重
点统计钢铁企业实现销售收入 2.8 万亿元，同比下降 1.8％；累
计盈利 303.78 亿元，上年同期为亏损 779.38 亿元，利润增长超
过 1000 亿元。

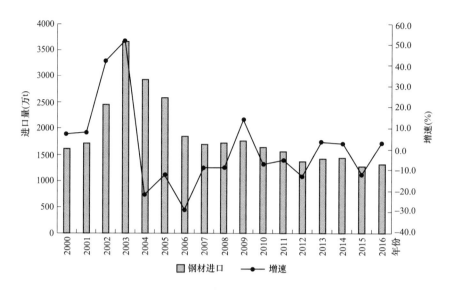

图 1-2-4　2000—2016 年我国钢材进口量及增速年度走势

（2）能源消费。

2015 年钢铁工业能源消费❶ 3.51 亿 tce，占全国能源消费总量的
17.9％，比 2014 年降低 1.5 个百分点；占工业行业耗能量比重为
26.7％，比 2014 年降低 1.6 个百分点❷。钢铁工业的能源消费结构
以煤炭为主，按照电热当量法测算，2015 年钢铁工业煤炭消费占比
超过 80％。

（二）主要节能措施

钢铁行业的全流程节能主要包括炼焦、烧结、炼铁、炼钢、轧钢
和能源公辅六个环节。

（1）炼焦环节。

HYWHR 型焦炉荒煤气换热器。循环泵将水送到焦炉上升管荒煤

---

❶　本节终端能源消费采用发电煤耗计算法折算值，按电热当量计算法有色金属行
　　业能源消费 1.04 亿 tce。
❷　数据来源于《中国能源统计年鉴 2016》。

气换热器的管程，在上升管荒煤气换热器内与荒煤气间接换热，被荒煤气加热后的水流到汽包内产生中低压饱和蒸汽，此蒸汽送入焦化厂中低压蒸汽管道，供焦化厂生产自用，或配套螺杆发电机组发电。

> 2015 年 11 月在柳钢 2 号焦炉进行工业性试验，2016 年 4月，对 HYWHR 型焦炉荒煤气换热器进行单管标定，吨焦产蒸汽（0.62MPa、162℃）110kg，单管产蒸汽压力可达 1.6MPa，温度为 201℃。每生产 1t 焦炭可以回收余热生产 0.6～1.6MPa 的蒸汽 110kg，回收能源 11kgce/t 焦。减少焦炉循环氨水量 35%，减少煤气初冷器冷却水 35%。

（2）烧结环节。

烟道余热回收利用系统。充分利用生产过程中产生的余热将有效地节约能源、提高经济效益，可以对烧结机烟道余热加装回收系统。烧结机余热回收的主要设备是换热器，内置于现有烧结机大烟道中。烧结机主烟道为双烟道布置结构，烟气热源收集于烧结机机尾风箱，对烧结主抽烟道内的高温段废气热量进行回收具有很大的节能潜力。

> 唐钢利用烟道余热回收利用系统对中厚板烧结机进行改造升级，工程投资共计 699 万元。其中工程费 584 万元，工程建设其他费 63 万元，基本预备费 52 万元。设备投入运行每小时回收蒸汽 6t，按年运行 8000h、吨汽 120 元计算，年创造效益为 576 万元。

（3）炼铁环节。

转炉煤气干法回收技术。炼铁工序是我国钢铁工业节能的重要环节，重点钢铁企业入炉焦比低于 390kg/t Fe，但一些中小钢铁企业入炉焦比较高，有的甚至达到 488kg/t Fe，燃料比在 560kg/t Fe 左右。目前该技术可实现节能量 38 万 tce/年，减排约 100 万 t CO_2/年。

高炉鼓风除湿节能技术。 采用冷凝法除湿，对热风炉中的空气采用脱湿技术工艺，将进入鼓风机之前的湿空气先行预冷，接着将预冷后的湿空气通过表冷器冷却，使其温度降低到空气含湿量对应的饱和温度以下，湿空气中的多余饱和量的水分凝结析出，再经过除水器排出，使空气中含水量降低。

秦皇岛首秦金属材料有限公司对 2、3 号高炉鼓风机组进行改造，安装高炉鼓风除湿设备，对高炉鼓风进行制冷除湿。节能技改投资额 3000 万元，建设期 6 个月。年节能 14 000tce，取得节能经济效益 1500 万～2000 万元，投资回收期 2 年。

（4）轧钢环节。

棒材多线切分与控轧控冷节能技术。 目前，国内轧钢企业轧制小规格螺纹钢筋的能耗为 53kgce/t；主要生产Ⅱ级螺纹钢，我国建筑领域今后将要求使用Ⅲ级或以上等级螺纹钢，因此，提高螺纹钢强度及降低生产能耗是小规格螺纹钢筋的主要发展方向。目前应用该技术可实现节能量 3 万 tce/年，减排约 8 万 t CO_2/年。多线切分技术是在型钢热轧机上利用特殊轧辊孔型和切分导卫装置将一根轧件沿纵向切成多根轧件，进而轧制出多根成品轧材。其中四/五切分导卫装置采用前后两组切分轮，前切分轮将多联钢坯外侧的两条钢先分离，后切分轮将中间的两联或三联钢坯再分离，从而实现四/五切分轧制。控轧控冷技术是在热轧过程中，通过对轧材的变形控制和在机架间及成品后安装一种专门的水冷装置，让轧件在常温的水中穿过，对轧件进行快速冷却，从而达到提高钢材组织和性能的目的。

合肥东方节能科技股份有限公司对原有用于轧制单线产品的生产线，改造为多线切分及控轧控冷轧制的生产线。主要设备增加多切分轧制设备，改造活套、导槽等辅助设备；增建轧机间的控轧控冷轧制设备，增加精轧成品后的控轧控冷轧制设备等。节能技改投资额为 1000 万元，建设期为 2 个月。每年可节能 4165tce，年节能经济效益为 620 万元，投资回收期约为 1.5 年。

（5）能源公辅环节。

能源管控技术。能源管理中心作为系统节能技术，在企业一定条件下，采用信息化技术，以全局理念，实现了宏观的综合管控。其核心是以全局平衡为主线，以集中扁平化调度管理为基本模式，以基于数据的客观评价为基础，实现了在既有装备及运行条件下的优化管控，可以显著改善企业能源系统的管控水平，达到节能减排的目的。目前该技术可实现节能量 180 万 tce/年，减排约 475 万 t CO_2/年。能源管理中心借助于完善的数据采集网络获取管控需要的过程数据，经过处理、分析、预测和结合生产工艺过程的评价，在线提供能源系统平衡信息或调整决策方案，使平衡调整过程建立在科学的数据基础上，保证了能源系统平衡调整的及时性和合理性，使钢铁联合企业生产工序用能实现优化分配及供应，从而保证生产及动力工艺系统的稳定和经济、提高二次能源利用水平，并最终实现提高整体能源效率的目的。

能源需求侧管理是在公司能源管理体系下，通过能源生产方、供应方、输配方及终端用户的协同，提高使用环节的能源使用效率，改善公司的能源成本的一种管理方式。本质上是通过一系列的技术和管理措施，减少终端装置或系统对能源供应的需求，在满足生产要求前提下节约能源。

（三）节能成效

节能环保再上新台阶，主要污染物排放和能源消耗指标均有所下降。2016 年钢铁工业能源消费总量约为 7.3 亿 tce❶，全国钢铁企业吨钢综合能耗约为 898kgce/t，同比下降 0.1%；全国重点钢铁企业吨钢综合能耗同比上升 2.1%；吨钢可比能耗同比下降 0.6%。历年钢铁工业的总产量、能源消费量、吨钢综合能耗见表 1-2-1。

表 1-2-1　　2011—2016 年钢铁行业主要产品产量及能耗指标

指标	2011 年	2012 年	2013 年	2014 年	2015 年	2016 年
总产量（Mt）	689.3	723.9	779.0	822.7	803.8	808.4
能源消费量（Mtce）	649	674	719	751	723	726
用电量（亿 kW·h）	5312	5134	5494	5578	5057	4882
吨钢综合能耗（kgce/t）	942	940	923	913	899	898

注　综合能耗中的电耗按发电煤耗法折算标准煤，代表全国行业平均水平。
数据来源：国家统计局，《2016 中国统计年鉴》；国家发展改革委；钢铁工业协会；中国电力企业联合会。

分工序能耗来看，2016 年，统计的钢铁工业协会会员生产企业球团工序、焦化工序、转炉炼钢工序、电炉炼钢工序和钢加工工序等工序能耗比 2015 年降低，降幅分别为 1.87%、2.78%、14.12%、12.77% 和 3.54%。烧结工序和炼铁工序能耗较 2015 年略有上升，升幅为 1.04% 和 0.91%。

从用水情况来看，2016 年，统计的钢铁工业协会会员企业用水总量同比下降 4.16%。其中：取新水量同比下降 4.99%，重复用水量同比下降 4.14%，水重复利用率同比提高 0.02 个百分点，吨钢耗新水量同比下降 3.94%。

---

❶　电力按发电煤耗法折算。

从污染物排放来看，2016 年，统计的钢铁工业协会会员企业外排废水量同比下降 0.49%。外排废水中化学需氧量排放量同比下降 17.74%，氨氮排放量同比下降 4.04%，挥发酚排放量同比下降 14.52%，总氰化物排放量同比下降 32.13%，悬浮物排放量同比下降 16.61%，石油类排放量同比下降 12.21%。废气排放量同比增长 4.34%。外排废气中二氧化硫排放量同比下降 22.47%，烟粉尘排放量同比下降 11.94%。吨钢二氧化硫排放量同比下降 16.71%。吨钢烟粉尘排放量同比下降 6.45%。钢渣产生量同比下降 0.75%，高炉渣产生量同比增长 1.88%，含铁尘泥产生量同比下降 1.33%。钢渣利用率同比提高 1.63 个百分点，高炉渣利用率同比提高 0.06 个百分点，含铁尘泥利用率同比下降 0.31 个百分点。

从可燃气体利用来看，2016 年，统计的钢铁工业协会会员企业高炉煤气产生量同比下降 1.66%，转炉煤气产生量同比增长 1.27%，焦炉煤气产生量同比下降 3.82%。高炉煤气利用率同比增长 1.06 个百分点，转炉煤气利用率同比增长 0.38 个百分点，焦炉煤气利用率同比下降 0.11 个百分点。

根据 2016 年钢铁产量测算，由于吨钢综合能耗的下降，钢铁行业 2016 年较 2015 年实现节能约 81 万 tce。

2.2.2　有色金属工业

有色金属通常是指除铁和铁基合金以外的所有金属，主要品种包括铝、铜、铅、锌、镍、锡、锑、镁、汞、钛十种。其中，铜、铝、铅、锌产量占全国有色金属产量的 90% 以上，被广泛用于机械、建筑、电子、汽车、冶金、包装、国防等领域。

（一）行业概述

（1）行业运行。

2016 年，我国有色金属行业总体呈稳定运行势头，产品产量保持平稳增长，增速明显下降。全年十种有色金属产量 5283 万 t，比上年增长 2.5%，增速下滑 4.3 个百分点。2000 年来十种有色金属的产量、增速见图 1-2-5。其中，精炼铜、原铝、铅、锌产量分别为 844 万、3187 万、467 万、627 万 t，同比增速分别为 6.0%、1.3%、5.7%、2.0%，其中原铝增幅上升 0.7 个百分点❶。

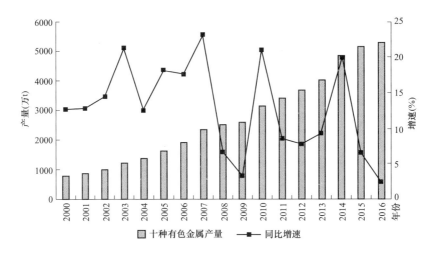

图 1-2-5　2000—2015 年有色金属主要产品产量变化

2016 年有色金属行业效益明显改善。受有色行业调结构促转型增效益影响，市场供需关系得到改善。有色行业价格逐步向好，铜、铝、铅、锌现货年均价分别为 38 084、12 491、14 559、16 729 元/t，同比分别增长-6.5%、3.5%、11.1%、10.1%。规模以上有色金属工业企业实现主营业务收入 6 万亿元，同比增长 5.6%；实现利润 2430 亿元，同比增长 34.8%，近 21% 的企业亏损，但加工行业实现利润 1 080.4 亿元，同比增长 2.5%，占行业整体利润的 60%。

❶　产品产量数据来源于工业和信息化部。http://www.miit.gov.cn/n1146285/n1146352/n3054355/n3057569/n3057578/c5537411/content.html.

据中国有色金属工业协会统计，2016年全年我国有色金属行业投资小幅下降。有色金属工业（含独立黄金企业）完成固定资产投资6 687.3亿元，同比下降6.7%，继2015年后再次出现下降。其中，有色金属冶炼完成投资1803亿元，同比下降5.8%；有色加工完成投资3733亿元，同比下降2%。其中，铝行业投资下降尤为显著，铝冶炼和铝压延加工投资分别同比下降9.9%和9.6%。此外，有色金属行业境外投资取得新突破，山东宏桥集团投资的几内亚铝土矿项目和中国五矿集团投资的秘鲁邦巴斯铜矿项目已正常生产。

2016年，国际经济形势复杂多变、国内经济下行压力不断加大，全行业认真贯彻落实党中央、国务院稳增长、调结构、促转型各项政策措施，推进供给侧结构性改革成效明显，产量平稳增长、效益明显改善，产业总体呈稳定运行势头。

（2）能源消费。

有色金属是我国主要耗能行业之一，是推进节能降耗的重点行业。2015年我国有色金属工业能源消费❶2.05亿tce，占全国能源消费总量的4.9%，比2014年提高0.8个百分点；占工业行业耗能量比重为7.3%，比2014年提高1.2个百分点❷。

有色金属行业的能源消费结构以电力为主。按电热当量法计算，2015年电能占有色金属行业终端能源消费总量的比重为64.8%，比2014年提高了4.9个百分点。

从用能环节上看，有色金属行业的能源消费集中在冶炼环节，约占行业能源消费总量的80%。其中，铝工业（电解铝、氧化铝、铝

---

❶　本节终端能源消费采用发电煤耗计算法折算值，按电热当量计算法有色金属行业能源消费1.04亿tce。

❷　数据来源于《中国能源统计年鉴2016》。

加工）占有色金属工业能源消费量的 80％ 左右。

（二）主要节能措施

（1）淘汰落后产能，推进结构节能。

淘汰落后产能是落实供给侧改革，推进结构节能的重要途径。"十二五"期间，我国有色金属行业近年来在淘汰落后生产能力方面取得了明显成效，电解铝、铜冶炼、铅冶炼、锌冶炼分别累计淘汰落后产能 204.5 万、285.3 万、381.0 万、86.7 万 t，均达到淘汰落后产能的任务下达量。"十三五"是我国有色金属工业转型升级、提质增效，迈入世界有色金属工业强国行列的关键时期，仍需积极运用环保、能耗、技术、工艺、质量、安全等标准，依法淘汰落后和化解过剩产能。2016 年，电解铝淘汰落后产能 32 万 t。

为解决有色金属工业长期积累的结构性产能过剩、市场供求失衡等深层次矛盾和问题。贯彻推进供给侧结构性改革、建设制造强国的决策部署，推动有色金属工业持续健康发展，2016 年 6 月，国务院办公厅发布《关于营造良好市场环境促进有色金属工业调结构促转型增效益的指导意见》（国办发〔2016〕42 号），意见中将"加快退出过剩产能"作为重点任务，一方面依法依规退出和处置过剩产能，另一方面引导不具备竞争力的产能转移退出。

（2）研发和应用新技术。

2016 年，有色金属行业共 4 项成果获得国家科技进步奖二等奖。此外，国家镁合金材料研究中心、山西银光华盛镁业荣获 2016 年度国际镁协技术创新奖。

《工业绿色发展规划（2016－2020 年）》中提出有色金属行业要实施新型结构铝电解槽、铝液直供、富氧熔炼等技术改造，并支持有色行业研发超大容量电解槽、连续吹炼等设备与工艺。

巩义中孚实业首创国内精铝生产新工艺，比传统工艺节能80%。

巩义中孚实业公司与上海交通大学联合开发的"偏析法"精铝提纯技术试生产取得成功，第一批纯度为99.99%的精铝铝锭，已发往上海某公司试用。

据悉，精铝产品近年来被用于制造磁悬浮材料、高性能导线、集成电路用键合线等，具有较高的产品附加值。我国铝加工企业目前多数以99.91%～99.92%的高等级铝液为原料，用"三层液"提纯工艺生产精铝产品。中孚实业公司与上海交通大学联合开发的"偏析法"精铝提纯技术，用普通铝液为原料，即可生产出精铝产品，是目前国内生产成本最低、流程最短的精铝生产新工艺，属国内首创，具有节能环保、清洁低耗、品质优良等特点。

资料来源：中国有色金属工业协会。

(3) 大力发展再生金属产业。

有色金属材料生产工艺流程长，从采矿、选矿、冶炼以及加工都需要消耗能源。与原生金属相比再生有色金属的节能效果最为显著，再生铜、铝、铅、锌的综合能耗分别只是原生金属的18%、45%、27%和38%。与生产等量的原生金属相比，每吨再生铜、铝、铅、锌分别节能1054、3443、659、950kgce。发展再生有色金属对大幅降低有色金属工业能耗具有重要意义。

"十二五"期间，中国再生有色金属产量达到5500万t，年均1100万t，相当于全国有色金属年产量的三分之一。同时，再生有色金属行业技术研发和装备制造在预处理、熔炼、多金属泥渣处理等方面都取得了可喜的成就，在节能、提高效率、保护环境方面也取得了一定进展，部分技术和设备达到世界先进水平。

2016 年是"十三五"规划的开局之年，也是我国再生有色金属产业战略转型的一年，尤其是在"一带一路""中国制造 2025"等国家战略的引领下，产业转型升级速度加快。2016 年，我国再生铝、再生铜、再生锌产量分别为 200.3 万、229.9 万、29.46 万 t❶。

工业和信息化部发布《再生铅行业规范条件》

2016 年，为引导我国再生铅行业规范发展，促进行业结构调整和产业升级，提高资源利用效率，减少再生铅生产过程中对环境造成的污染，实现再生铅行业可持续健康发展，工业和信息化部制定发布了《再生铅行业规范条件》（以下简称"规范条件"），在项目建设条件和企业布局，生产规模、质量、工艺和装备，能源消耗及资源综合利用，环境保护，安全生产与职业卫生，规范管理等方面给出了对应的规范要求。

《再生铅行业规范条件》是继 2012 年发布《再生铅行业准入条件》（以下简称"准入条件"）以来，针对"十三五"以来再生铝产业发展环境的变化出台的新的规范条件。在能源消耗和资源综合利用方面，与"准入条件"相比，"规范条件"提高了综合能耗标准，并且对再生铅生产的工艺和工序的能耗指标也进行了明确。

资料来源：工业和信息化部。

（4）推广重点节能低碳技术。

有色金属行业生产工艺装备技术水平明显提升，先进适用节能技术推广应用成效突出。其中闪速熔炼、顶吹、氧气底吹及侧吹熔炼等

---

❶　再生金属产量数据来源于国家统计局。

先进技术的铜冶炼产能占全国的90%，大型预焙槽电解铝产能占全国的98%，采用富氧熔炼的铅冶炼产能占80%，湿法浸出工艺的锌冶炼产能占全国的87%，竖罐炼镁工艺、氧气底吹连续炼铜技术、600kA超大容量铝电解槽技术已实现产业化❶。

《2016国家重点节能低碳技术推广目录》中涉及有色金属行业的技术接近30项，其中仅7项技术当前推广比例超过20%，与2015相比，增加了粗铜自氧化还原精炼技术、大推力多通道燃烧节能技术，其余多项技术当前推广比例不足10%，甚至仅有1%，这些技术具备的有效推广可以带来非常可观的节能和减排效果。

以当前推广比例最高的大型高效充气机械搅拌式浮选机为例（推广比例为30%），该技术采用高比转数后倾叶片叶轮，循环量大、压头低，可显著降低浮选机的功率强度；采用低阻尼直悬式定子，定子悬空区域大，降低了运转功耗。目前，该技术每年可实现节能量18.8万tce，减排CO_2约49.6万t。预计未来5年，该技术在行业内的推广潜力可达80%，预计投资总额24亿元，每年实现节能能力50万tce，减排CO_2约95万t。

（5）信息技术与行业的融合。

目前计算机模拟仿真、智能控制、大数据、云平台等信息技术已逐步应用于有色金属企业生产、管理及服务等领域。《有色金属工业发展规划（2016—2020年）》中明确提出要推进新一代信息技术与行业的融合发展，提出突破智能制造技术、加强智能平台建设、开展智能制造试点示范等要求，促进产业转型升级、提质增效。

（三）节能成效

为贯彻日趋严格的环保指标，环保设备的运行增加了生产用电

---

❶　http://www.miit.gov.cn/n1146285/n1146352/n3054355/n3057542/n3057545/c5202373/content.html.

量，2016 年我国铝锭综合交流电耗为 13 599kW·h/t，比上年增加了 37kW·h/t；比国际先进水平 2015 年的电耗水平高 699kW·h/t 左右。铜冶炼能耗下降明显，按发电煤耗法折算，2016 年我国铜冶炼综合能耗为 337kgce/t，比上年下降 9.45%。2011－2016 年有色金属行业主要产品产量及能耗情况见表 1-2-2。

表 1-2-2　　　2011－2016 年有色金属行业主要产品产量及能耗指标

	指标	2011 年	2012 年	2013 年	2014 年	2015 年	2016 年
产量（Mt）	十种有色金属	34.35	36.91	40.29	48.28	51.55	52.83
	铜	5.24	5.76	6.49	7.64	7.96	8.44
	铝	17.68	20.21	22.05	28.86	31.41	31.87
	铅			4.47	4.22	3.85	4.67
	锌	5.22	4.85	5.3	5.83	6.15	6.27
	用电量（亿 kW·h）	3560	3835	4054	5056	5378	5453
产品能耗	电解铝交流电耗（kW·h/t）	13 913	13 844	13 740	13 596	13 562	13 599
	铜冶炼综合能耗（kgce/t）	497	451	436	420	372	337

注　综合能耗中的电耗按发电煤耗法折算标准煤，代表全国行业平均水平。
数据来源：国家统计局，《2016 中国统计年鉴》；国家发展改革委；有色金属工业协会；中国电力企业联合会。

2016 年，根据当年产量测算，电解铝节能量为－34.7 万 tce，铜冶炼节能量为 29.5 万 tce。

2.2.3　建材工业

建材工业是生产建筑材料的工业部门，是重要的基础设施原材料工业，细分门类众多，产品十分丰富，包括建筑材料及制品、非金属矿物及制品、无机非金属新材料三大门类，涉及建筑、环保、军工、高新技术和人民生活等众多领域。改革开放以来，在我国所创造的"经济奇迹"和"基础设施奇迹"中建材工业发挥了非常重要的支撑作用。本报告所关注的建材工业主要是建材工业中的制造业部门，主要产品包括水泥、石灰、砖瓦、建筑陶瓷、卫生陶瓷、石材、墙体材料、隔热和隔音材料以及新型防水密封材料、新型保温隔热材料、装饰装修材料等，共约有 20 多个行业细分门类、1000 多种类型产品。其中，建材行业最具代表性的产品是水泥和平板玻璃，两种产品产量大、产值多、细分产品种类丰富、应用范围十分广泛。

（一）行业概述

（1）行业运行。

2016 年，建材行业经济运行呈现筑底回升、稳中向好势头，主要产品生产增速平稳，价格理性回升，经济效益持续好转，发展质量有所改善。但产能过剩矛盾没有根本缓解，供给结构仍待优化，国际市场需求疲软，行业回升势头仍不稳固。其中，水泥、平板玻璃产量分别为 24.0 亿吨、7.7 亿重量箱，同比分别增长 2.5%、5.8%。低耗能低排放的加工产品产量保持正增长，商品混凝土、玻璃纤维、钢化玻璃、建筑陶瓷、砖瓦等产品增长 7% 以上。

2016 年，建材工业主营业务收入 7.6 万亿元，同比增长 5.3%，增速较 2015 年同期提高 2 个百分点，实现利润 4 906.9 亿元，同比增长 9.1%。其中，水泥制造业 8764 亿元，同比增长 1.2%，平板玻璃 682 亿元，同比增长 16%。行业效益改善主要得益于大力推进去产能调结构增效益工作，业内联合重组加快，无序竞争有所遏制，区域市场供求关系得到阶段性改善。

建材行业主要产品价格自 2016 年一季度触底后，呈持续回升势头，扭转连续两年下滑局面，但全年平均价格仍低于上年水平。12 月，水泥出厂价格较年初上涨 46.5 元，涨幅 20%，升至 302.7

元，重回 300 元以上区间，年末价格指数同比上涨 23.18 点；平板玻璃出厂价格也回到每重量箱 70 元以上，达到 70.7 元，同比上涨 6.6 元，年末价格指数同比上涨 208 点。建材产品出口 310 亿美元，同比下降 19%，由于国际市场低迷，建材产品出口离岸价格同比下降 26.8%，导致建材出口量价齐跌。其中，除建筑与技术玻璃外，占建材出口半数的建筑卫生陶瓷、建筑用石出口数量和金额均继续呈现下降势头，其中建筑卫生陶瓷出口 1898 万吨，金额 91.7 亿美元，同比分别下降 6.6% 和 33.4%；建筑用石出口 1 153.4 万吨，金额 62.8 亿美元，同比分别下降 10.6% 和 17.5%。水泥和平板玻璃产量及增速见图 1 - 2 - 6。2016 年全国分区域水泥产量及产能利用率比较如表 1 - 2 - 3 所示。

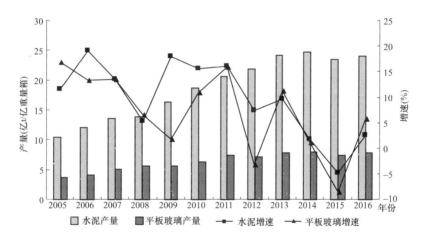

图 1 - 2 - 6　我国水泥和平板玻璃产量及增长情况

表 1 - 2 - 3　　　　2016 年全国分区域水泥产量

及产能利用率比较

区域	水泥产量（亿 t）	增长率（%）	本年产能利用率（%）
全国	24.1	2.3	69.9
东北	1.1	−3.2	50.2

续表

区域	水泥产量 （亿 t）	增长率 （%）	本年产能 利用率（%）
华北	2.1	5.3	54.0
华中	4.9	25.3	93.8
华东	6.7	−11.0	63.8
华南	2.9	4.6	85.0
西南	4.4	6.6	78.7
西北	2.0	−4.9	57.9

资料来源：中国建筑材料联合会；国家统计局。

2016 年，建材工业平均销售利润率 6.4%，同比提高 0.2 个百分点，比全国工业企业平均销售利润率高 0.4 个百分点。其中，水泥行业销售利润率 5.9%，同比提高 2.1 个百分点；平板玻璃行业销售利润率 8.5%，同比提高 5.9 个百分点。截至 12 月，建材行业亏损面缩小至 11%，同比下降 1.1 个百分点；全年人均创造利润 7.53 万元，同比提高 11%；资产负债率 51.3%，同比下降 0.9 个百分点。

（2）能源消耗。

2015 年我国建材工业能源消费总量约 3.51 亿 tce，同比下降 5.4%；占工业能源消费总量的 12.5%，同比下降 0.6 个百分点。事实上，由于一些非建材工业企业在产品生产过程中制造了大量的水泥、建筑石灰和墙体材料等建材工业产品，这些产品生产所消耗的能源并没有被纳入到建材工业能耗的统计核算范围之中，使得建材工业的实际能源消费被严重低估。据本报告研究测算，水泥、墙体材料（包括新型墙体材料和传统墙体材料，2015 年新型墙体材料约占墙体材料总产量的 66%，单位产品的综合能耗约为传统墙体材料的 60%）、建筑陶瓷、建筑石灰和平板玻璃六大建材工业产品能耗占全行业能源消耗总量 91%，非建材企业生产的这六大产品的能耗占建材行业总能耗 41% 左右。由此最终测算 2015 年建材工业产品实际能耗约为 4.96 亿 tce。在经济新常态下建材工业结构调整进一步加快，重点产品化解过剩产能和淘汰落后产能步入实质性收获阶段，是 2015 年建材工业能耗下降的主要原因。

建材工业中水泥、平板玻璃、石灰制造、建筑陶瓷、砖瓦等传统行业增加值占建材工业 50%～60%，单位产品综合能耗在 2～14tce 之间，能源消耗总量占建材工业能耗总量的 90% 以上；玻璃纤维增强塑料、建筑用石、云母和石棉制品、隔热隔音材料、防水材料、技术玻璃等行业单位产品综合能耗低于 1tce，能耗占建材工业能耗总量的 6.1%。我国主要建材产品产量及能耗见表 1 - 2 - 4。

表 1 - 2 - 4　　　　　我国主要建材产品产量及能耗

	类别	2011 年	2012 年	2013 年	2014 年	2015 年	2016 年
主要产品产量	水泥（亿 t）	20.6	21.8	24.1	24.8	23.5	24.0
	墙体材料（亿块标准砖）	10 500	11 800	11 700	11 980	11 958	11 900
	建筑陶瓷（亿 m²）	87	94	97	102.3	101.8	101.4
	平板玻璃（万重量箱）	73 800	71 416	77 898	79 261	73 862	77 403
产品能耗	水泥（kgce/t）	134	129	127	126	125	123
	平板玻璃（kgce/重量箱）	14.8	14.5	14	13.6	13.2	12.8
节能技术	新干法水泥产量比重（%）	89	95	96	98	99	99
	水泥散装率（%）	51.2	54.2	55.9	57.1	61	65

续表

类别		2011 年	2012 年	2013 年	2014 年	2015 年	2016 年
节能技术	浮法玻璃产量比重（％）	84	85	86	87	88	90
	新型墙体材料产量比重（％）	61	63	63	65	67	68

注　1. 产品能耗中的电耗按发电煤耗折算成标准煤。
　　2. 标准砖尺寸为 240mm×115mm×53mm，包括 10mm 厚灰缝，长宽厚之比为 4∶2∶1。
　　3. 厚 2mm 的平板玻璃×10m² 为 1 重量箱。

数据来源：《2016 中国统计年鉴》《中国能源统计年鉴 2015》，王庆一《2016 能源数据》。

（二）节能措施

（1）淘汰落后产能。

2016 年，建材行业"去产能"工作取得标志性成就。化解产能过剩已经成为政府、行业、企业的共同责任和核心任务，在全行业的共同努力下，在管理环境、市场环境和竞争环境综合作用下，2016年全国水泥产能在市场回升的情况下，继 2015 年减少 3000 万 t 生产能力后，继续缩减产能 2000 万 t。截至 2016 年底，全国共有浮法玻璃生产线 353 条，年产能达 12.69 亿重量箱。其中在产生产线 238条，在产产能 9.38 亿重量箱，产能利用率为 73.45％，同比 2015 年上涨 3.27％。剔除停产、搬迁以及近几年无法恢复的僵尸企业后，目前全国共有浮法玻璃生产线 273 条，总产能约为 10.50 亿重量箱，调整后的产能利用率为 88.70％，同比增加 3.93％。

（2）推广节能新工艺。

1）水泥行业新工艺方面。

立磨终粉磨水泥技术。采用料床粉磨原理对水泥进行粉磨，粉磨系统集粉磨、烘干、选粉于一体。适用于新型干法水泥生产线水泥终粉磨系统新建和升级改造。每吨水泥电耗为 $25 \sim 30 kW \cdot h$，比球磨系统节电 $30\% \sim 40\%$。2010 年此项技术应用普及率不到 5%，"十二五"期末推广达到的比例为 25%。

高效篦式冷却机技术。采用一组具有气流自适应功能的充气篦板，组成静止篦床为熟料冷却供风，并采用一组往复移动的推杆推动熟料层前进，使熟料冷却，提高冷却效率。适用于新型干法水泥生产线熟料的冷却系统新建和升级改造。电耗约为 $4 kW \cdot h/t$ 熟料，比传统篦式冷却机节电 $1 \sim 3 kW \cdot h/t$ 熟料，热耗降低 $2.0 \sim 3.0 kgce/t$ 熟料，冷却系统热回收率可达 74% 以上。

2）平板玻璃新工艺方面。

窑炉大型化技术。熔窑大型化即主线配套工程化技术，将多项技术优化为成套技术，应用在 900、700t/d 大型浮法玻璃生产线上。适用于浮法玻璃生产线的新建。900t/d 级熔窑生产线比 600t/d 级熔窑生产线单位产品综合能耗降低 15% 左右，节约标准煤约 12 万/t。

玻璃熔窑烟气余热发电技术。利用余热锅炉对玻璃生产过程的烟气进行能量回收，采用余热发电站将余热转化为电能。适用于多条浮法玻璃线集中布置的工厂，余热发电效果较好。以 12MW 余热电站为例，满足生产线 $80\% \sim 90\%$ 自用电，相当于每年节约标准约 2 万 t，能源综合利用率提高 $10\% \sim 20\%$。

（3）提高产业集中度。

2016 年 5 月，国务院办公厅发布的《关于促进建材工业稳增长调结构增效益的指导意见》明确指出，面对建材行业增速放缓、效益下降、分化加剧的局面，要求建材企业淘汰落后产能，推进联合重组，加快转型升级，提升水泥制品结构，逐步优化、创新绿色和可持续发展能力，压减水泥熟料产能使产能利用率回到合理区间，水泥熟料产量排名前 10 家企业的生产集中度达 60% 左右。2016 年水泥企业并购重组案例共有 5 起，主要以强强联合为主。从区域分布上看，2016 年并购重组主要发生在京津冀、西北和西南地区。2016 年水泥行业的并购重组具有产能和资金规模大、涉及企业多、涉及范围广等特点，产能集中度的提高，进一步加快了水泥行业去产能的步伐，提高了未来水泥行业的发展预期。

中建材集团与中材集团重组

2016 年 1 月 25 日，中国建筑材料集团有限公司（简称中建材）以及中国中材集团公司（简称中材）发布公告，宣告两公司正筹划集团重组事宜，8 月 22 日，国务院批准重组事宜，8 月 26 日，中国建材集团有限公司正式宣布成立，预计年底两家公司将完成重组，而完成各个产业平台的调整则需要两年的时间。

两材重组之后，除了湖北、海南、北京、天津、上海和内蒙古地区，新的中国建材集团在其他地区都有产能分布。根据中国水泥网数据，两材重组后在四川、山东、浙江的熟料产能分布最多，分别达到 3 862.6 万、3 529.35 万 t 和 3 456.5 万 t，从占各省比例来看，集团在黑龙江、浙江和甘肃的熟料产能占比都超过了一半，分别达到 58%、55% 和 54%。

分区域来看，重组集团在华东地区熟料产能最高，超过 1.3 亿 t，占集团所有熟料产能的 34%，东北和华北最少，分别只有 2139 万 t 和 1 993.3 万 t，分别占集团熟料总产能 6% 和 5%。但是集团在西北地区的熟料产能占全国的比例最高，达到 28%，在华北地区占比最少，只有 8%，代表着集团在相应区域会有较大的话语权。

从市场协同能力提高程度上看，中建材和中材只在 5 个地区有产能重合，分别是在安徽、江苏、江西、湖南和内蒙古，中建材和中材重组后在这 5 个地区的产能占比有一定的提高，但是涨幅有限，所以中建材和中材重组对原来市场协同水平的提高并不明显。

由于中建材和中材下属的水泥企业分布在全国多数省份，中建材和中材融合将会提高部分地区的市场集中度，另外中建材和中材原本水泥业务区域重合不多，因此对市场竞争格局的影响不大，但是重组有利于扩大中国建材的市场份额，巨大的体量在上下游运营过程中将会带来一定的效益，同时促进国内水泥行业的重组步伐，削减部分落后产能，推动供给侧改革❶。

（4）优化调整产品结构。

2016 年建材行业基本实现了由传统产业单项支撑向传统产业和加工制品业"双引擎"驱动转变，且动力转换仍在持续进行。2016 年，规模以上建材加工制品业主营业务收入同比增长 7.1%，为规模以上行业 5.5% 的增长速度贡献 3.2 个百分点，主营业务收入占规模以上建材行业主营业务收入比重为 45.1%，比 2015 年同期提高 1 个百分点，成为稳定 2016 年行业运行的重要支撑。

水泥产品结构有所优化，标准引领作用显现。2015 年 12 月 P·C32.5 水泥产品停止生产，同时，受房地产市场变化影响，基本建设投资对水泥需求的拉动作用进一步放大，从而使 P·C32.5 强度等级水泥占 2016 年水泥产量比重下降到 60%，产品结构有所优化，水泥平均强度等级有所提高，熟料产能利用率也随之略有提高。

---

❶　http：//magazine. ccement. com/newsdetails. aspx？ id＝30667。

（三）节能成效

2016 年，水泥、墙体材料、建筑陶瓷、平板玻璃产量分别为 24.0 亿 t、11 900 亿标准砖、101.4 亿㎡、7.7 亿重量箱，产品单位能耗较 2015 年分别下降 2kgce/t、7kgce/万块标准砖、0kgce/㎡、0.4kgce/重量箱；考虑各主要建材产品能耗的变化，根据 2016 年产品产量测算得出，建材工业由于主要产品单耗变化，2016 年实现节能 595 万 tce。2016 年建材行业主要产品能耗及节能量测算见表 1-2-5。

表 1-2-5　　2016 年建材工业主要产品能耗及节能量测算结果

类别		2014 年	2015 年	2016 年	节能量
水泥	产量（万 t）	234 796	235 918	234 796	481
	产品综合能耗（kgce/t）	126	125	123	
墙体材料	产量（亿块标准砖）	11 980	11 958	11 900	83
	产品综合能耗(kgce/万块标准砖)	454	444	437	
建筑陶瓷	产量（亿 ㎡）	102.3	101.8	101.4	0
	产品综合能耗（kgce/㎡）	7.0	7.0	7.0	
平板玻璃	产量（亿重量箱）	7.93	7.39	7.74	31
	产品综合能耗（kgce/重量箱）	13.6	13.2	12.8	
节能量总计（万 tce）					595

注　1. 产品综合能耗中的电耗按发电煤耗折算标准煤。
　　 2. 2016 年建筑陶瓷综合能耗为估计。
数据来源：国家统计局；国家发展改革委；工业和信息化部；中国建材工业协会；中国水泥协会；中国砖瓦工业协会；中国陶瓷协会；中国石灰协会。

2.2.4　石化和化学工业

我国石化工业主要包括原油加工和乙烯行业，化工行业产品主要有合成氨、烧碱、纯碱、电石和黄磷。其中，合成氨、烧碱、纯碱、电石、黄磷、炼油和乙烯是耗能较多的产品类别。

在生产工艺方面，**乙烯**产品占石化产品的 75％以上，可由液化天然气、液化石油气、轻油、轻柴油、重油等经裂解产生的裂解气分出，也可由焦炉煤气分出，或由乙醇在氧化铝催化剂作用下脱水而成。**合成氨**指由氮和氢在高温高压和催化剂存在下直接合成的氨：首先，制成含 H_2 和 CO 等组分的煤气，然后，采用各种净化方法除去灰尘、H_2S、有机硫化物、CO 等有害杂质，以获得符合氨合成要求的 1∶3 的氮氢混合气，最后，氮氢混合气被压缩至 15MPa 以上，借助催化剂制成合成氨。**烧碱**的生产方法有苛化法和电解法两种，苛化法按原料不同分为纯碱苛化法和天然碱苛化法；电解法可分为隔膜电解法和离子交换膜法。**纯碱**是玻璃、造纸、纺织等工业的重要原料，是冶炼中的助溶剂，制法有联碱法、氨碱法、路布兰法等。**电石**是重要的基本化工原料，主要用于产生乙炔气。也用于有机合成、氧炔焊接等，由无烟煤或焦炭与生石灰在电炉中共热至高温而成。

（一）行业概述

（1）行业运行。

2016 年，主要石油和化工产品产量增长分化。其中，原油加工量 5.41 亿 t，同比增长 2.8%；乙烯产量为 1781 万 t，同比增长 3.9%；烧碱产量为 3202 万 t，同比增长 6.0%；电石产量 2588 万 t，同比增长 4.3%；纯碱产量为 2585 万 t，同比减少 0.27%。主要农用化工产品产量下降，增速较 2015 年下降，化肥总产量（折纯）为 7005 万 t，同比减少 4.8%；合成氨产量为 5422 万 t，同比减少 7.4%。2005 年以来我国烧碱、乙烯产量情况见图 1-2-7。

2016 年，面对复杂严峻的宏观经济形势和行业发展中错综交织的深层次矛盾，石油和化工行业按照党中央、国务院决策部署，积极落实"五位一体"总体战略，坚持稳中求进的总基调，大力推进产业结构调整、创新驱动和化解产能过剩，行业经济运行稳中有进，稳中向好，实现了"十三五"良好开局，行业增加值同比增长 7.0%，其

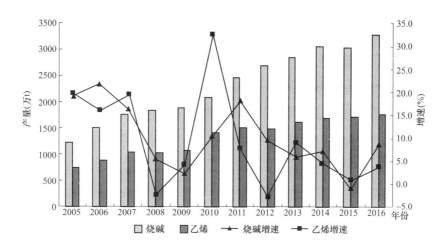

图 1-2-7　2005 年以来我国烧碱、乙烯产量增长情况

数据来源：国家统计局，《2017 中国统计年鉴》。

中石油和天然气开采业增加值同比减少 3.6%，石油加工业增加值同比增长 7.3%，化学工业增加值同比增长 8.0%。

（2）能源消费。

石化行业属于国民经济中高能耗的产业部门，其能耗占工业能耗的 18%，占全国能耗的 13%。行业内部的能源消费集中在包括能源市场加工和基本原材料制造的 12 个子行业部门，12 个子行业包括原油加工和石油产品制造、氮肥制造、有机化学原料制造、石油天然气开采、无机碱制造、塑料和合成树脂制造、合成纤维制造等。这些子行业能源消耗之和超过行业总消耗的 90%。

2016 年，行业总能耗增速继续放缓，能源效率继续提升。数据显示，全年石油和化工行业总能耗增长 1.3%，增速创历史新低，同比回落 1.6 个百分点。其中，化学工业总能耗增长 1.0%，同比回落 2.2 个百分点。石油和化工行业万元收入耗标准煤同比下降 0.4%，为近年来首次下降。其中，化学工业万元收入耗标煤同比下降 4.0%，创历史最好水平。

重点产品单位能耗多数继续下降。数据显示，2016 年前三季，我国吨油气产量综合能耗同比下降 9.3%，吨原油加工量综合能耗微幅增长 0.6%，吨乙烯产量综合能耗下降 1.9%，吨烧碱产量综合能耗下降 1.9%，吨纯碱产量综合能耗增长 2.0%，单位电石、黄磷和合成氨分别下降 2.4%、4.3% 和 0.6%。

石化和化学工业主要耗能产品能源消费情况：炼油耗能 4 923.1 万 tce，同比增长 2.5%；乙烯耗能 1 291.7 万 tce，同比减少 11.8%；合成氨耗能 8 482.1 万 tce，同比减少 1.0%；烧碱耗能 2 814.6 万 tce，同比增长 3.9%；纯碱 868.6 万 tce，同比增长 1.9%；电石 1 025.4 万 kW·h，同比增长 1.7%，见表 1 - 2 - 6。

表 1 - 2 - 6　　我国主要石油和化学工业产品产量及能耗

类别		2011 年	2012 年	2013 年	2014 年	2015 年	2016 年
主要产品产量	炼油（Mt）	447.7	467.9	478.6	502.8	522.0	541.0
	乙烯（Mt）	15.28	14.87	15.99	16.97	17.15	17.81
	合成氨（Mt）	52.53	55.28	57.45	57.00	57.91	57.08
	烧碱（Mt）	24.73	26.96	29.27	30.59	30.21	32.02
	纯碱（Mt）	22.94	23.96	24.32	25.14	25.92	25.85
	电石（Mt）	17.38	18.69	22.57	25.48	24.83	25.88
产品能耗	炼油（万 tce）	4 342.7	4 351.5	4 440.6	4 677.9	4 802.4	4 923.1
	乙烯（万 tce）	1 367.6	1 327.9	1 335.2	1 384.8	1 464.6	1 291.7
	合成氨（万 tce）	7 948.2	8 472.4	7 679.3	7 599.2	8 657.5	8 482.1
	烧碱（万 tce）	2 614.0	2 658.3	1 121.0	1 144.1	2 709.8	2 814.6
	纯碱（万 tce）	884.4	905.8	783.1	796.9	852.8	868.6
	电石（万 kW·h）	633.9	711.8	800.7	876.3	1 007.9	1 025.4
节能技术	千万吨级炼油厂数（座）	20	21	22	23	24	24

续表

类别		2011年	2012年	2013年	2014年	2015年	2016年
节能技术	离子膜法占烧碱产量比重（%）	81.1	85.1	84.4	84.3	85.4	88.2
	联碱法占纯碱产量比重（%）	45	47	50	46	48	45

注 产品综合能耗按发电煤耗折标准煤。

数据来源：国家统计局网站，《中国石油和化工经济数据快报》；个别数据来自新闻报道。

（二）主要节能措施

化工企业"十二五"交出一份满意的答卷，节能目标任务已经基本完成，得益于把节能减排放在"调结构、转方式"的战略位置，持续深入推进。"十三五"新的节能减排规划、供给侧结构性改革以及新技术推广，继续推动化工行业能效提高。

（1）结构调整加快推进。

首先，产品结构加快调整。水煤浆等先进煤气化技术在煤化工领域中的应用更加普遍，降低了企业的耗能和排放；磷化工更多利用国内低品位磷矿资源，加强综合利用和循环经济；大型炼化企业从单纯提供通用原料，通过更加重视研发，增加牌号多样性等，向市场提供差异化、专用性、功能性的合成材料等。产品结构改善，对满足和带动下游升级需求，促进行业提质增效，推动长期可持续发展具有重大意义。

其次，化工企业加快搬迁入工业园区。随着2015年底工业和信息化部印发的《促进化工园区规范发展的指导意见》，化工企业向化工园区搬迁和发展成为重点，在政府、社会和企业的共同作用下，2016年化工企业搬迁入园步伐明显加快。

此外，企业在环保、安全、科技、智能制造方面的投入加大。

2016 年，石化行业内企业投资的主要方向集中在技术改造、环保项目、科研创新、提升管理水平、智能制造、两化融合等，这也是改造和提升传统工业的有效投资方向，总体来看，行业内企业整体能力和发展能力有所提升。

（2）节能管理继续加强。

2016 年 10 月 14 日，工业和信息化部发布《石化和化学工业发展规划（2016－2020 年)》，指出石化和化学工业要在结构调整和转型升级上取得重大进展，使质量和效益显著提高，向石化和化学工业强国迈出坚实步伐，明确经济发展、结构调整、创新驱动、绿色发展和两个融合五项目标。

2016 年 5 月 3 日，工业和信息化部第 21 次部务会议审议通过《工业节能管理办法》，自 2016 年 6 月 30 日起施行，是落实《节约能源法》相关规定和"十三五"绿色发展理念的重要举措。《工业节能管理办法》的亮点主要有强调用能权交易制度、明确节能管理手段、建立健全节能监察体系、突出企业主体地位、重点抓用能大户。

2016 年 6 月 30、12 月 20 日公布的《工业绿色发展规划（2016－2020 年)》《"十三五"节能减排综合工作方案》，都对能源利用效率显著提升、优化能源利用结构进行了要求，绿色发展或节能目标均包括炼油、乙烯、合成氨等化工产品综合能耗下降指标。

（3）能效领跑企业示范作用显现。

石油和化学工业联合会连续六年组织开展全行业重点耗能产品能效"领跑者"发布工作，并得到工业和信息化部、国家发展改革委及全国总工会的大力支持。2016 年"领跑者"评选工作中，行业参与度进一步提高，规范性更强，产品稳定为 17 种化工产品、29 个品种，而且，要求各产品计算范围和计算方法都按照国家最新单位产品能源消耗限额的规定进行，进一步规范了标准，细化了品种，可比性更科学、合理。

能效"领跑者"活动引发的"比学赶超、积极降耗"的良好局面正在形成。2016 年公布的 28 个能效第一名企业中，2017 年❶有 17 个第一名企业保持住了荣誉，有 11 个品种的第一名被新的企业取代，从而促进了行业节能降耗工作。

> 唐山三友化工股份有限公司作为国有控股的化工、化纤上市公司，一直坚持"产品链接、工艺衔接、资源集约、产业集群"的发展理念，在国内首创了"两碱一化"（纯碱、氯碱、化纤）的循环经济发展模式，实现了废物多级资源化和资源利用的良性循环，形成了以黏胶短纤、纯碱、氯碱、有机硅为四大主业及原盐、碱石、热电、国际贸易等为辅业的发展格局。
>
> 该公司连续六年进入全行业重点耗能产品能效"领跑者"行列，源于其持续完善工艺和设备状况，不断优化工艺操作，全面推进节能技改、提产降耗工作。首先，强化运行管理，不断摸索总结经验。按照国家、省、市相关要求，开展碳排放报告工作，组织纯碱、氯碱、热电公司参加省发展改革委碳排放报告专项培训，并完成碳排放报告编制。其次，加大节能项目投入，投资 381 万元实施滤过工序喷头改型、电解槽离子膜更换等重点节能项目，项目年节能能力 2100t 标准煤。再次，开展"节能减排宣传周和低碳日"活动，组织节能管理人员、重点耗能岗位操作人员参加专项培训。2016 年，其下属化纤公司整体产能达到 50 万 t/年，兴达吨丝耗烧碱同比降低 9.9kg，兴达、远达吨丝汽耗同比分别降低 0.3t、0.2t；纯碱公司实施蒸汽梯级

---

❶ 2017 年公布的结果是基于对 2016 年的能效情况的评估。

利用等节能改造项目，吨碱耗原盐、石灰石、焦炭同比分别降低 16、8.2、3.0kg，直流水和蒸汽消耗同比降低 $0.7m^3$、233kg；硅业公司一期流化床运行周期连续两次突破 56 天，平均收率自 5 月份起均在 87.5% 以上，甲醇、硅块、氯化氢、电、汽等消耗同比均有大幅度降低；氯碱公司烧碱电耗下降 $28.1kW \cdot h/t$，PVC 耗电石下降 0.9kg/t。

（4）推广利用节能新技术。

石化和化工领域技术节能仍然发挥着重要作用。例如，水溶液全循环尿素生产装置改造，适合新建尿素生产装置和对现有水溶液全循环装置进行节能增产改造，投资较低，生产能力有较大提高，并可大幅度降低原材料消耗、消除环境污染，经济效益和环保效益显著，预计未来 5 年，该技术在行业内的推广潜力可达 40%，投资总额 33 亿元，节能能力 47 万 tce/年，减排能力 128 万 t CO_2/年；黄磷生产过程余热利用及尾气发电（供热）技术，通过对黄磷生产中排放的尾气进行收集、加压并进行净化处理，再输送到专用燃烧器中进行配风旋混燃烧，燃烧后产生的热量及强腐蚀高温烟气再经过耐腐蚀的专用黄磷尾气锅炉进行换热，交换后的热量用于加热水产生蒸汽或者利用蒸汽带动汽轮机发电系统发电，所产蒸汽与电量均用于黄磷生产，降低产品能耗，预计未来 5 年，该技术的行业推广比例可达 50%，项目总投资 3.6 亿元，可形成年节能能力达 67 万 tce，年减排能力为 177 万 t CO_2；硝酸生产反应余热余压利用技术，将硝酸生产工艺流程中产生的反应余热、余压进行回收，转化的机械能直接补充在轴系上，用于驱动机组，可减少能量多次转换损耗，提高能量利用效率，预计未来 5 年，该技术在行业内推广比例将达 70%，项目总投资 17 亿元，可形成的年节能能力为 50 万 tce，年碳减排能力为 132 万 t CO_2。

（三）节能成效

2016 年，炼油、乙烯、合成氨、烧碱、纯碱产品单位能耗分别为 91、817、1486、879、336kgce/t，电石单耗为 3224kW·h/t，除纯碱外，大部分产品单耗比上年均有不同程度下降，见表 1-2-7。相比 2015 年，2016 年炼油加工、乙烯、合成氨、烧碱、电石生产节能量分别是 54.1 万、58.5 万、51.4 万、57.6 万、25.1 万 tce；石油工业实现节能约 112.6 万 tce，化学品工业实现节能约 116 万 tce，合计228.6 万 tce。

表 1-2-7　　2016 年我国石化和化学工业主要产品节能情况

产品		2012 年	2013 年	2014 年	2015 年	2016 年	2016 年节能量（万 tce）
石油工业能耗（万 tce）		5 679.4	5 919.8	6 062.7	6 267.0	6 214.8	112.6
炼油	加工量（Mt）	467.9	478.6	502.8	522.0	541.0	54.1
	单耗（kgce/t）	93	92.9	93	92	91	
乙烯	产量（Mt）	14.87	15.99	16.97	17.15	15.81	58.5
	单耗（kgce/t）	893	879	860	854	817	
化学品工业能耗（万 tce）		36 996	33 851	35 376	35 306	35 313	116.0
合成氨	产量（Mt）	55.28	57.45	57.00	57.91	57.08	51.4
	单耗（kgce/t）	1552	1532	1540	1495	1486	
烧碱	产量（Mt）	26.96	29.27	30.59	30.21	32.02	57.6
	单耗（kgce/t）	986	972	949	897	879	
纯碱	产量（Mt）	23.96	24.32	25.14	25.92	25.85	-18.1
	单耗（kgce/t）	376	337	336	329	336	

产品		2012 年	2013 年	2014 年	2015 年	2016 年	2016 年节能量（万 tce）
电石	产量（Mt）	18.69	22.57	25.48	24.83	25.88	25.1
	单耗（kW·h/t）	3360	3423	3272	3303	3224	

注　产品综合能耗按发电煤耗折标准煤。

数据来源：国家统计局；工业和信息化部；中国石化和化学工业联合会；中国电力企业联合会；中国化工节能技术协会；中国纯碱工业协会；中国电石工业协会。

2.3　电力工业节能

电力工业作为国民经济发展的重要基础性能源工业，是国家经济发展战略中的重点和先行产业，也是我国能源生产和消费大户，属于节能减排的重点领域之一。2016 年，全国完成电力投资合计 8840 亿元，同比增长 3.1%。其中，电网建设投资 5431 亿元，同比增长 17.1%；电源投资 3408 亿元，同比减少 13.4%。

（一）行业概述

（1）行业运行。

2016 年，电力工业保持较快增长势头，电力供应能力进一步增强。电源建设方面，截至 2016 年底，全国装机容量达 16.51 亿 kW，比上年增长 8.2%，增速比上年回落 2.4 个百分点。电网建设方面，截至 2016 年底，全国电网 220kV 及以上输电线路回路长度为 64.5 万 km，比上年增长 5.9%，220kV 及以上公用变电设备容量为 36.9 亿 kV·A，增长 9.7%。

新增装机容量同比大幅减少，太阳能发电装机增长速度最快，同比增速高达 129.7%。2016 年，全国新增发电装机容量 12 143 万 kW，同比减少 7.9%。其中，水电、火电、核电、风电和太阳能新增装机容量分别为 1179 万、5048 万、720 万、2024 万 kW 和 3171 万 kW，水电、火电、风电比 2015 年减少 14.3%、24.4% 和 35.5%，核电和风电比 2015 年增加 17.7% 和 129.7%，见表 1-2-8。

表 1-2-8 我国电源与电网发展情况

类别		2005 年	2011 年	2012 年	2013 年	2014 年	2015 年	2016 年
年末发电设备容量（GW）		517.18	1 062.53	1 146.76	1 257.68	1 360.19	1 525.27	1 650.51
其中：水电		117.39	232.98	249.47	280.44	301.83	319.54	332.07
火电		391.38	768.34	819.68	870.09	915.69	1 005.54	1 060.94
核电		6.85	12.57	12.57	14.66	19.88	27.17	33.64
风电		1.06	46.23	61.42	76.52	95.81	130.75	147.47
发电量（TW·h）		2 497.5	4 730.6	4 986.5	5 372.1	5 545.9	5 740.0	6 022.8
其中：水电		396.4	668.1	855.6	892.1	1 066.1	1 112.7	1 174.8
火电		2 043.7	3 900.3	3 925.5	4 221.6	4 173.1	4 230.7	4 327.3
核电		53.1	87.2	98.3	111.5	126.2	171.4	213.2
风电		1.3	74.1	103.0	138.3	159.8	185.6	240.9
220kV 及以上	输电线路（万 km）	25.37	47.49	50.58	54.38	57.20	61.09	64.5
	变电容量（亿 kV·A）	8.43	22.08	24.97	27.82	30.27	31.32	36.9

数据来源：中国电力企业联合会，《2016 年电力工业统计资料汇编》。

（2）能源消费。

电力工业是能源消耗大户。电力工业消耗能源总量占一次能源消费总量的比重超过 45%，电能在终端能源消费中的比重约为 25%[1]。

截至 2016 年底，我国煤电装机容量 94 624 万 kW，占全国电源总装机容量的 57.3%，同比增长 5.1%。2016 年，我国煤电发电

---

[1]　蒋丽萍．提高电力在终端能源消费中的比重．中国电力企业管理，2015 年 5 月．

量 39 457 亿 kW·h，约占全国总发电量的 65.5%。

由于煤炭消耗量大，电力行业是节能减排的重点行业。2016 年我国的电力烟尘、二氧化硫、氮氧化物排放量分别为 40 万、300 万、250 万 t，比 2014 年下降 59%、51%、60%。2015 年 12 月 2 日国务院常务会议及《全面实施燃煤电厂超低排放和节能改造工程工作方案》要求东、中、西部有条件的燃煤电厂分别在 2017 年底、2018 年底、2020 年底前实现超低排放。即在基准样含量 6% 条件下，烟尘、二氧化硫、氮氧化物排放浓度分别不高于 10、35、50mg/m³，燃煤机组平均除尘、脱硫、脱硝分别达到 99.95%、98%、85% 以上。

（二）主要节能措施

2016 年，我国电力工业节能减排取得显著成就，采取的节能措施主要包括以下几个方面：

（1）电源结构调整取得新进展，非化石能源装机比重持续提高。

火电机组占比继续下降，火电机组结构加速优化。截至 2016 年底，火电装机容量占比下降到 64.3%，煤电装机容量占比下降到 57.3%；燃煤发电装机容量占比为 57.3%，同比下降 1.7 个百分点。非化石能源发电装机比重和发电量比重进一步提高。非化石能源装机容量达 6.04 亿 kW，占总装机比重的 36.6%，同比提高 1.7 个百分点；在新增装机容量中，非化石能源新增装机占比 59.2%，同比提高 9.5 个百分点。超过化石能源新增装机。其中光伏发电加速发展，启动太阳能热发电第一批示范项目，我国首座规模化储能光热电站青海德令哈 10MW 塔式熔盐储能光热电站并网发电，全年新增并网太阳能发电 3171 万 kW。2016 年退役、关停火电机组容量 571 万 kW。在发电量方面，水电、核电、并网风电、并网太阳能发电量同比增长为 5.6%、24.4%、29.8%、68.5%。非化石能源发电量总计增长 12.3%，增速比 2015 年提高 2.1 个百分点，约占全国发电量的

29.3%，比 2015 年提高了 2.1 个百分点❶。

(2) 积极推进高参数、大容量、高效技术研发推广。

火电单机容量持续向大容量、高参数发展，火电单机平均容量继续提高。2016 年中电联调查范围内的火电机组平均单机容量 13.2 万 kW，比 2015 年增加 0.3 万 kW。单机容量 100 万 kW 及以上的火电机组占比继续提高到 9.6%，比 2015 年提高 0.7 个百分点。积极研发推广燃煤发电二次再热技术。2016 年，华能莱芜电厂第 2 台 100 万 kW 二次再热燃煤机组顺利投产。该机组主机设计初参数：压力为 31MPa，再热蒸汽温度为 620kW•h，发电效率达到 48.1%，发电煤耗为每千瓦时 255.3g，供电煤耗为每千瓦时 266.2g。机组满负荷工况下，二氧化硫、氨氧化物、粉尘排放浓度分别为 10、15、1.5mg/m³（标准状态），实现超净排放❶。

(3) 实施发电设备技术改造，有效挖掘资源潜力。

加快火电机组灵活性改造技术研发推广，研发了火电机组灵活性调峰锅炉和燃烧系统，系统包括省煤器分级技术、省煤器给水旁路技术、零号高压加热器方案等。其中，应用省煤器分级技术后，不需要额外增加省煤器的换热面积，只需增设两级省煤器间的联箱、连接管道；采用省煤器给水旁路技术后，部分给水旁路通过省煤器，直接进入省煤器出口联箱，减少省煤器的传热量；采用零号高压加热器方案，增加 1 台高压加热器，在低负荷段，保证锅炉省煤器出口烟气温度处于合理区间❶。研发低风速风力发电技术和海上风电场施工技术，截至 2016 年底，我国海上风电累计装机 1627MW，位居全球第三。2016 年，我国光伏发电技术继续向提高转换效率、降低生产成本的方向发展，度电成本降低至 0.5~0.8 元/（kW•h）。

---

❶ 《中国电力行业年度发展报告 2017》，中国电力企业联合会。

（4）实施多能互补集成优化示范工程。

2016 年 7 月，国家发展改革委、国家能源局发布了《关于推进多能互补集成优化示范工程建设的实施意见》，以加快推进多能互补集成优化示范工程建设，提高能源系统效率，增加有效供给。2016 年 12 月，首批多能互补集成优化示范工程评选结果公示。以靖边光气氢牧多能互补集成优化示范工程为代表的 17 个终端一体化功能系统工程和以张北风光热储输多能互补集成优化示范工程为代表的 6 个风光水火储多能互补系统工程进入国家首批集成优化示范工程名单。

（5）采用先进储能技术，减少弃风、弃光电量。

储能可以有效缓解风能、太阳能发电受到季节、昼夜、天气等因素的影响，电能质量不稳定，而导致弃风弃光的现象。2016 年 4 月 7 日，国家发展改革委、国家能源局联合下发了《能源技术革命创新行动计划（2016－2030 年）》，明确了我国能源技术革命的总体目标。该计划对储能的技术创新战略方向、创新目标进行了阐述，并针对储热/储冷技术、新型压缩空气储能技术、飞轮储能技术、高温超导储能技术、大容量超级电容储能技术以及电池储能技术提出具体的创新行动目标。截至 2016 年底，中国累计储能装机规模 189.5MW。

（6）建立国家电网经营区电力交易平台，促进清洁能源消纳。

2016 年 3 月，北京电力交易中心成立，搭建了我国大范围能源资源优化配置的平台。国家电网公司经营区域内，国家级的北京电力交易平台和 27 家省级电力交易平台全面建成，实现了交易平台全覆盖，对于提升能源资源配置效率、促进清洁能源消纳、尽快释放改革红利等方面具有重要意义。2016 年国家电网公司水电、风电、太阳能发电等清洁能源省间送电量达到 3628 亿 kW·h，同比增长 9.8%，相应减少标准煤燃烧 1.2 亿 t，减排二氧化碳 2.9 亿 t，为大气污染防治做出了重要贡献。

（三）节能成效

2016 年，全国 6000kW 及以上火电机组供电煤耗为 312gce/(kW·h)，比 2015 年下降 3gce/(kW·h)；全国线路损失率为 6.49%，比 2015 年降低 0.15 个百分点。我国电力工业主要指标见表 1-2-9。

表 1-2-9 　　　　我国电力工业主要指标

指标	2010 年	2011 年	2012 年	2013 年	2014 年	2015 年	2016 年
供电煤耗［gce/(kW·h)］	333	329	325	321	319	315	312
发电煤耗［gce/(kW·h)］	312	308	305	302	300	297	294
厂用电率（%）	5.43	5.39	5.10	5.05	4.85	5.09	4.77
其中：火电	6.33	6.23	6.08	6.01	5.85	6.04	6.01
线路损失率（%）	6.53	6.52	6.74	6.69	6.64	6.64	6.49
发电设备利用小时（h）	4650	4730	4579	4521	4318	3969	3797
其中：水电	3404	3019	3591	3359	3669	3621	3619
火电	5031	5305	4982	5021	4739	4329	4186

数据来源：中国电力企业联合会，《2016 年电力工业统计资料汇编》。

与 2015 年相比，综合发电和输电环节节能效果，电力工业生产领域实现节能量 1514 万 tce。

2.4 　节能效果

与 2015 年相比，2016 年制造业 14 种产品单位能耗下降实现节能量约 1019 万 tce，这些高耗能产品的能源消费量约占制造业能源消费量的 70%，据此推算，制造业总节能量约为 1456 万 tce，见表 1-2-10。再考虑电力生产节能量 1514 万 tce，2016 年与 2015 年相比，工业部门实现节能量约为 2970 万 tce。

表 1 - 2 - 10　　中国 2016 年制造业主要高耗能产品节能量

类别	产品能耗					2016 年			2016 年节能量（万 tce）
	单位	2010 年	2012 年	2014 年	2015 年	2016 年	产量	单位	
钢	kgce/t	950	940	913	899	898	80 837	万 t	81.0
电解铝	kW·h/t	13 979	13 844	13 596	13 562	13 599	3187	万 t	-34.7
铜	kgce/t	500	451	420	372	337	844	万 t	29.5
水泥	kgce/t	143	129	126	125	123	240 295	万 t	480.6
建筑陶瓷	kgce/m²	7.7	7.3	7.0	7.0	7.0	101.4	亿 m²	0.0
墙体材料	kgce/万块标准砖	468	449	454	444	437	11 900	亿块标准砖	83.3
平板玻璃	kgce/重量箱	15.2	14.5	13.6	13.2	12.8	7.74	亿重量箱	31.0
炼油	kgce/t	100	93	93	92	91	54 101	万 t	54.1
乙烯	kgce/t	950	893	860	854	817	1581	万 t	58.5
合成氨	kgce/t	1587	1552	1540	1495	1486	5708	万 t	51.2
烧碱	kgce/t	1006	986	947	897	879	3202	万 t	57.4
纯碱	kgce/t	385	376	336	329	336	2585	万 t	-17.0
电石	kW·h/t	3340	3360	3272	3303	3224	2588	万 t	60.3
纸和纸板	kgce/t	390	364	340	339	332	12 319	万 t	83.5
合计									1 018.6

注　1. 产品综合能耗均为全国行业平均水平。

　　2. 产品综合能耗中的电耗按发电煤耗折标准煤。

　　3. 1111m³ 天然气＝1toe。

数据来源：国家统计局，《2017 中国统计年鉴》《中国能源统计年鉴 2016》；国家发展改革委；工业和信息化部；中国电力企业联合会；中国钢铁工业协会；中国有色金属工业协会；中国建材工业协会；中国水泥协会；中国陶瓷工业协会；中国石油和化学工业联合会；中国化工节能技术协会；中国纯碱工业协会；中国电石工业协会；中国造纸协会。

3

建 筑 节 能

本 章 要 点

(1) 我国建筑面积规模较大。 2016 年，竣工房屋建筑面积 31.2 亿 m²，其中住宅竣工面积为 17.1 亿 m²，房屋施工规模达 126.4 亿 m²，其中住宅施工面积为 66.1 亿 m²。

(2) 我国建筑领域节能取得良好成效。 2016 年，建筑领域通过对既有居住建筑实施节能改造、推动绿色建筑发展、发展装配式建筑、推广超低能耗建筑、应用智能化节能技术、利用可再生能源等节能措施，实现节能量 4094 万 tce。其中，全国新建建筑执行强制性节能设计标准 16.9 亿 m²，形成年节能能力约 1512 万 tce，其中绿色建筑形成年节能能力约 46 万 tce；既有居住建筑节能改造面积约 1.2 亿 m²，形成年节能能力约 132 万 tce；建筑实现可再生能源利用量 1146 万 tce。

3.1 综述

建筑业是国民经济的重要支柱产业，对经济社会发展做出了重要贡献，但长期存在资源消耗大、生产效率低等问题。因此，建筑业需要实施全过程节能减排。建筑能耗主要是由人口、建筑面积、能耗强度等影响要素决定的。伴随经济社会发展，建筑业不断发展，建筑能耗也呈现增长趋势。

中国建筑业过去 30 年来产业规模不断扩大。2006 年以来，建筑业总产值持续增长，但经过 2006—2011 年连续 6 年超过 20% 的高速增长后，增速开始下降，2015 年增速仅为 2.3%。2016 年建筑业总产值增速有所回升，完成总产值 19.36 万亿元，增速达 7.1%；全社会建筑业实现增加值 4.95 万亿元，同比增长 6.39%，与 2011 年相比增加了 50.4%，占国内生产总值的 6.66%。全国建筑业房屋建筑施工面积 126.4 亿 m^2，同比增长 2.0%。从新开工项目情况看，全年新开工项目计划总投资 49.3 万亿元，同比增长 20.9%。这说明建筑业的国民经济支柱产业地位稳固。建筑业增加值已超过美国，居全球第一。2012—2016 年全国建筑行业产值变化情况如图 1-3-1 所示。

我国正在加快新型城镇化建设，城镇化带动基础设施建设，带动了建筑业能源消费的增加。2016 年城镇常住人口 7.93 亿，比 2015 年末增加 2182 万；乡村常住人口 5.90 亿，比 2015 年减少 1373 万。全国人户分离人口（即居住地和户口登记地不在同一个乡镇街道且离开户口登记地半年以上的人口）2.92 亿。按照城镇人均建筑面积估算，每年城镇新增人口将增加约 8 亿 m^2 的住宅需求❶。2005—2016

---

❶ 按照 2016 年全国居民人均住房建筑面积为 40.8m^2，城镇居民人均住房建筑面积为 36.6m^2，农村居民人均住房建筑面积为 45.8m^2。

年我国城乡人口变化情况如图 1-3-2 所示。

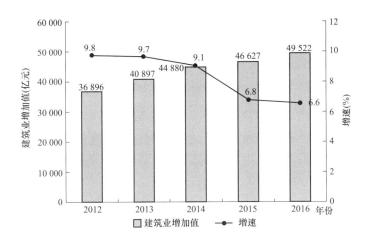

图 1-3-1 2012—2016 年全国建筑行业产值变化情况

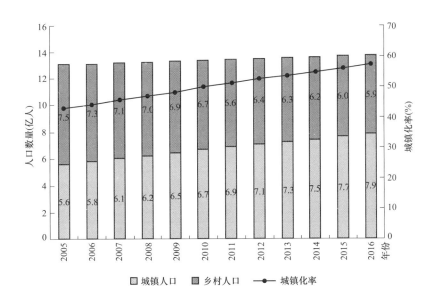

图 1-3-2 我国城乡人口变化情况

2016 年，我国城镇化率达 57.4%，比 2015 年增加 1.3 个百分点，仍然保持上升趋势，国内建筑总体规模仍旧保持扩大态势。全年全国房屋施工规模达 126.4 亿 m²，比 2015 年下降 2.2%，呈微幅下降趋势；其中住宅施工面积为 66.1 亿 m^2，比 2015 年减少 1.3%，占比为 52.3%，较 2015 年略有上升；竣工房屋建筑面积为 31.2 亿 m^2，下降 11.1%，呈现较为明显的下降态势。其中住宅竣工面积约为 17.1 亿 m^2，较 2015 年下降 4.6 个百分点。全国建筑施工、竣工房屋面积及变化情况见表 1-3-1。

表 1-3-1　全国建筑施工、竣工房屋面积及变化情况

年份	施工房屋建筑面积（万 m^2）	其中：住宅（万 m^2）	施工建筑面积较 2015 年增加（%）	竣工房屋建筑面积（万 m^2）	其中：住宅（万 m^2）	竣工建筑面积较 2015 年增加（%）
1995	215 084.6	140 451.9		145 600.1	107 433.1	
2000	265 293.5	180 634.3	0.8	181 974.4	134 528.8	−2.9
2005	431 123.0	239 769.6	14.5	227 588.7	132 835.9	9.9
2010	885 173.4	492 763.6	17.4	304 306.1	183 172.3	0.7
2011	1035 519.0	574 910.0	16.9	329 073.0	197 452.0	8.1
2012	1 165 406.0	614 586.0	12.5	334 325.0	194 730.0	1.6
2013	1 336 287.6	673 163.3	11.5	349 895.8	193 328.5	0.5
2014	1 355 559.7	689 041.2	1.44	355 068.4	192 545.0	1.48
2015	1 292 371.7	669 297.1	−4.66	350 973.0	179 737.8	−1.15
2016	1 264 395.3	660 662.1	−2.16	312 119.0	171 471.3	−4.60

数据来源：国家统计局，《2010 中国统计年鉴》～《2017 中国统计年鉴》。

《2016－2020 中国城镇化率增长预测报告》显示，2018 年中国城镇常住人口将达到 8.1 亿，2020 年中国城镇化率将达到 63.4%，"十三五"期间城镇化持续发展的态势不会改变。考虑人口和人均能源需求增长因素，与 2016 年相比，2020 年城市生活新增能源需求可达 0.8 亿 tce，增幅约为 29%。巨大的能源需求无疑为城市发展带来了更高要求，同时也为节能带来了新的机遇。

既有建筑节能改造是实现建筑节能的重要手段。截止到 2016 年，全国城镇累计完成既有居住建筑节能改造面积 13.8 亿 m^2，其中 2016 年完成改造面积 8789 万 m^2。2017 年 1 月国务院印发的《"十三五"节能减排综合工作方案》中要求，"十三五"期间要强化既有居住建筑节能改造，实施改造面积 5 亿 m^2 以上，并明确到 2020 年前基本完成北方采暖地区有改造价值城镇居住建筑的节能改造。2016 年北方城镇地区供暖总面积已经超过 120 亿 m^2，农村地区供暖面积已经超过 45 亿 m^2。预计采暖节能工程工作将不断持续开展。

3.2　主要节能措施

建筑节能是一项重要而持久的事业，我国建筑节能工作在"十一五""十二五"期间已取得显著成就，如通过对新建建筑贯彻建筑节能标准、改善围护结构保温、推广和更换高效采暖热源等措施，使得能耗不断下降。2016 年我国建筑领域节能效果明显，所采取的主要节能措施包括以下几个方面：

(1) 探索发展装配式建筑。

顾名思义，装配式建筑就是将工厂化生产的产品部件，在施工现场通过组装和连接而成的建筑。装配式建筑充分利用现代制造技术，将建造过程与信息化、工业化紧密结合，可以有效促进建筑业技术创新和进步，提升工程质量安全水平。装配式建筑在节能、节材、减排和提高生产效率方面的成效已在国内外大量的工程项目中得到验证。据估算，装配式建筑相比现浇建筑，在建造阶段可以大幅减少木材模板、保温材料、抹灰水泥砂浆、施工用水、施工用电的消耗，并减少80%以上的建筑垃圾排放，减少材料损耗约 60%，增加可回收材料60%，建筑节能达 50%以上。我国正在积极探索发展装配式建筑，各级层面积极推动装配式建筑发展，相继出台了推进装配式建筑发展的政策措施，积累了很多成功的经验。如 2016 年下半年上海发布了《上海市装配式建筑 2016－2020 年发展规划》，制定了《装配式建筑单体预制率和装配率计算细则（试行）》。2016 年 4 月中国建筑标准设计研究院出版了《装配式建筑系列标准应用实施指南》，为加强标准实施和监管力度提供有力保障。2016 年 9 月国务院办公厅印发了《关于大力发展装配式建筑的指导意见》，《意见》提出要因地制宜发展装配式混凝土结构、钢结构和现代木结构等装配式建筑。**住房和城乡建设部下发了《"十三五"装配式建筑行动方案》《装配式建筑示范城市管理办法》和《装配式建筑产业基地管理办法》**。住房和城乡建设部发布的《建筑节能与绿色建筑发展"十三五"规划》提出，到2020 年城镇装配式建筑占新建建筑比例超过 15％。

（2）超低能耗建筑推广。

超低能耗建筑是指适应气候特征和自然条件，通过选用保温隔热性能和气密性能更高的围护结构，采用高效新风热回收技术，最大程度降低建筑供暖供冷需求，并充分利用可再生能源，以更少的能源消耗提供健康舒适室内环境的建筑。目前，世界主要发达国家已先后强制实施超低能耗建筑标准，节能率达到 90％以上。发展超低能耗建筑顺应生态文明和新型城镇化建设的客观需求，也是"十三五"时期建筑节能工作的重要内容之一。超低能耗建筑推广工作走在前列的地区有北京、河北、山东、新疆、黑龙江、江苏等地。其中北京出台了《推动超低能耗建筑发展行动计划（2016－2018 年）》，计划用 3 年时间建设完成 30 万 m² 超低能耗建筑。河北公布实施《被动式低能耗居住建筑节能设计标准》，编制《被动式低能耗公共建筑设计标准》《被动式低能耗建筑施工及验收规程》等地方标准。

（3）强制推广绿色建筑。

绿色建筑的本质是节约资源，是基于可持续发展理念而产生的一种设计与建造到使用的方式。近年来，我国的绿色建筑进入了快速发展阶段，绿色建筑标准化体系正在不断完善，绿色建筑标准进一步提高。2014 年《国家绿色建筑行动方案》颁布后，绿色建筑呈现快速增长态势，大型公共建筑、保障性住房等全面执行绿色建筑标准。尤其是近几年绿色建筑每年以翻一番的速度在向前发展，这里有强力推广绿色建筑的贡献。全国城镇累计建设绿色建筑面积 12.5 亿 m^2，其中 2016 年城镇新增绿色建筑面积 5 亿 m^2，可新增约 46 万 tce 的年节能能力。全国省会以上城市保障性住房、政府投资公益性建筑以及大型公共建筑开始全面执行绿色建筑标准。北京、天津、上海、重庆、江苏、浙江、山东等地已在城镇新建建筑中全面执行绿色建筑标准。住房和城乡建设部批准颁布的 GB/T 51153—2015《绿色医院建筑评价标准》于 2016 年 8 月 1 日正式实施。截至 2016 年底，全国累计竣工强制执行绿色建筑标准项目超过 2 万个，面积超过 5 亿 m^2。其中北京、上海、江苏、浙江、广东、河北、吉林、云南、海南、新疆生产建设兵团等地绿色建筑占城镇新建民用建筑的比例超过了全国平均水平。《建筑节能与绿色建筑发展"十三五"规划》中提出，到 2020 年全国城镇绿色建筑占新建建筑比例超过 50%，新增绿色建筑面积 20 亿 m^2 以上，各地积极落实。

（4）推广绿色建筑评价标识。

截至 2016 年底，全国累计有 7235 个建筑项目获得绿色建筑评价标识，建筑面积超过 8 亿 m^2。其中，2016 年获得绿色建筑评价标识的建筑项目 3164 个，建筑面积超过 3 亿 m^2。但目前绿色建筑运行标识项目还相对较少，仅占建筑项目总量的 5% 左右，地域分布也不均衡，标识项目主要集中在江苏、广东、上海、山东等东部沿海地区，宁夏、海南、青海等中西部地区项目数量较少。除新疆生产建设兵团外，各地均设立了绿色建筑评价机构，上海、天津、江苏、湖南、湖北、四川、新疆等地探索开展了绿色建筑第三方评价。25个省（区、市）已发布地方绿色建筑评价标准。

（5）实施既有居住建筑节能改造。

我国城镇既有居住建筑量大面广，一些建筑已经建成使用 20～30 年，能耗高，居住舒适度差。据统计，我国北方采暖城市居住面积只有全国城市居住面积的 10%，而建筑能耗却占到 40%，建筑能耗问题突出，北方采暖地区节能改造意义重大。《"十三五"节能减排综合工作方案》中要求，"十三五"期间要强化既有居住建筑节能改造，实施改造面积 5 亿 m² 以上。同时，工作方案中明确到 2020 年前基本完成北方采暖地区有改造价值城镇居住建筑的节能改造。

严寒及寒冷地区既有居住建筑节能只是我国既有建筑改造的一部分。夏热冬冷地区的既有居住建筑的既改工作以及夏热冬暖地区的既有建筑节能改造同样意义重大。

2016 年，严寒及寒冷地区各省（区、市和新疆生产建设兵团）共计完成既有居住建筑节能改造面积 7262 万 m²，北京、天津、内蒙古、山东、新疆改造面积规模较大。天津、吉林已实现具有改造价值非节能居住建筑的应改尽改，北京、河北、内蒙古、辽宁、山东、河南、陕西、宁夏、新疆、新疆生产建设兵团已完成改造面积占具有改造价值非节能居住建筑面积的比例超过 50%。2016 年，夏热冬冷地区各省（区、市）共计完成既有居住建筑节能改造面积 1527 万 m²，上海、江苏、安徽、湖北、湖南改造面积规模较大。安徽推动合肥、池州、铜陵、滁州等市结合旧城改造和老旧小区综合整治开展既有居住建筑改造，完成改造面积 585 万 m²。

2016 年北方供暖地区完成节能改造任务面积 0.74 亿 m²，约可形成 81.3 万 tce 的年节能能力，全国各地完成既有居住建筑节能改造及公共建筑节能改造面积 1.2 亿 m²，约可形成 132 万 tce 的年节能能力。

(6) 建筑智能化节能技术应用。

GB/T 50314—2015《智能建筑设计标准》中，智能建筑的定义如下：以建筑物为平台，基于对各类智能化信息的综合应用，集架构、系统、应用、管理及优化组合为一体，具有感知、传输、记忆、推理、判断和决策的综合智慧能力，形成以人、建筑、环境互为协调的整合体，为人们提供安全、高效、便利及可持续发展功能环境的建筑。智能建筑最近几年在我国发展很快。许多公共设施、高层建筑、住宅小区都已智能化。我国智能建筑技术在智能化技术方面，网络技术、传感和控制技术、视频技术以及生物识别无线通信得到长足的发展。这些技术应用到建筑领域，有效地促进了节能减排。

(7) 可再生能源建筑应用。

可再生能源在建筑领域得到了大力推广。截至 2016 年底，全国各地已累计完成可再生能源建筑应用各类示范 143 个，占批准示范数量的 41%。

2016 年，全国新增太阳能光热应用面积 2 亿 m² 以上、浅层地能建筑应用面积 3725 万 m²、太阳能光电建筑应用装机容量 1127MW。根据测算，2016 年建筑实现可再生能源利用量 1146 万 tce，我国用于建筑的非水可再生能源利用概况见表 1-3-2。

表 1-3-2　　我国用于建筑的非水可再生能源利用情况

类型	2012 年 标准煤量 (万 tce)	2013 年 标准煤量 (万 tce)	2014 年 标准煤量 (万 tce)	2015 年 标准煤量 (万 tce)	2016 年 标准煤量 (万 tce)
农村沼气（亿 m³）	1110	1130	1140	1197	1268
太阳能热水器（万 m²）	3070	3690	4810	5300	5564
光伏发电（GW·h）	50	60	70	80	103

续表

类型	2012 年	2013 年	2014 年	2015 年	2016 年
	标准煤量（万 tce）	标准煤量（万 tce）	标准煤量（万 tce）	标准煤量（万 tce）	标准煤量（万 tce）
地热采暖（万 m²）	220	610	860	1380	1998
地源热泵（亿 m²）	750	830	90	1030	1200
总计	**5200**	**6320**	**7780**	**8987**	**10 133**

注　1. 生物质直接燃烧包括秸秆和薪柴。
　　2. 太阳能热水器提供的能源每年为 120kgce/m²，地热采暖和地源热泵提供的能源每采暖季分别为 28kgce/m²和 25kgce/m²。
　　3. 发电量按当年火力发电煤耗折算标准煤。
数据来源：国家统计局；国家能源局；农业部科技教育司；农业部规划设计研究院；住房和城乡建设部，中国农村能源行业协会太阳能热利用专业委员会；中国可再生能源协会；中国太阳能协会；国土资源部。

3.3 节能效果

2016 年，全国新建建筑执行强制性节能设计标准 16.9 亿 m²，形成年节能能力约 1512 万 tce，其中绿色建筑形成年节能能力约 46 万 tce；既有建筑节能改造面积约 1.2 亿 m²，形成年节能能力约 132 万 tce。经测算，2016 年建筑领域实现节能量 4094 万 tce。2016 年及"十二五"我国建筑节能情况见表 1-3-3。

表 1-3-3　　　　　　近年来我国建筑节能量　　　　　　万 tce

类别	2011 年	2012 年	2013 年	2014 年	2015 年	2016 年
新建建筑执行节能标准	1300	1000	1300	1065	1020	1512
既有建筑节能改造	145	242	246	192	167	132
照明节能	1170	1110	1310	1280	2210	2450
总计	2615	2352	2856	2537	4070	4094

4

交 通 运 输 节 能

本 章 要 点

(1) 交通运输系统包括公路、铁路、水运、航空等多种运输方式，整体呈现平稳增长态势，客运（货运）周转量整体同比增长。2016 年，铁路、公路、水运和民航航线里程，分别比 2015 年增长2.5%、2.6%、0.1%和19.4%；客、货运周转量整体比 2015 年分别增长4.0%和4.6%。其中，铁路、公路、水运和民航客运周转量比 2015 年分别增长5.2%、 - 4.8%、 - 1.4%和15.0%；货运周转量比上年分别增长0.2%、5.4%、6.1%和6.9%。

(2) 交通运输领域能源消费量增长迅速。2016 年，交通运输领域能源消费量为 4.4 亿 tce，比 2015 年增长3.9%，占全国终端能源消费量的13.6%。其中，汽油消费量 11 983 万 t，柴油消费量 12 516万 t。

(3) 交通运输领域针对不同运输方式采取针对性的节能措施。公路运输采取的主要措施包括加快公路充电桩、加气站建设，积极推动新能源汽车发展；推进智能信息化交通运输体系建设等；铁路运输采取的主要措施包括构建节能型铁路运输结构；加强铁路运输节能技术应用；加大新能源和可再生能源的推广利用等；水路运输采取的主要措施包括加强船舶能耗实时监测；大力推进港口结构调整、完善港航组织管理等；民用航空采取的主要措施包括优化航空领域结构；加强航空领域新能源应用；加快节能技术的推广应用等。

(4) 交通运输领域节能工作取得一定成效。2016 年，我国交通运输业能源利用效率进一步提高，公路、铁路、水路和民航单位换算周转量能耗比 2015 年分别下降了3.5%、 - 0.9%、0.8%和0.3%。按 2016 年公路、铁路、水运、民航换算周转量计算，2016年，交通运输行业实现节能量 961 万 tce。

4.1　综述

4.1.1　行业运行

在国家经济发展的新常态下，中国交通运输行业整体呈现出平稳增长态势。2016 年，铁路、公路、水路和民航等领域发展较快，运输线路长度呈现出不同增长态势。其中，铁路、公路、水运和民航航线里程，比 2015 年分别增长 2.5％、2.6％、0.1％和 19.4％，增幅较 2015 年同期分别增长－5.7、0.1、－0.5、4.7 个百分点。我国各种运输线路长度见表 1-4-1。

表 1-4-1	我国各种运输线路长度		万 km
项目	2010 年	2015 年	2016 年
铁路营业里程	9.12	12.1	12.4
其中：电气化铁路	3.27	7.47	8.03
高速铁路	0.51	1.98	2.30
公路里程	400.82	457.73	469.63
其中：高速公路	7.41	12.35	13.10
内河航运里程	12.42	12.70	12.71
民用航空航线里程	276.51	531.72	634.81

数据来源：国家统计局，《2017 中国统计年鉴》《2016 中国统计年鉴》。

2016 年，客运（货运）周转量均呈现增长态势。客运周转量整体比 2015 年增长 4.0％。其中，铁路、公路、水运和民航客运周转量比 2015 年分别增长 5.2％、－4.8％、－1.4％和 15.0％；货运周转量整体比 2015 年增长 4.6％。其中，铁路、公路、水运和民航货运周转量比 2015 年分别增长 0.2％、5.4％、6.1％和 6.9％。我国交通运输量、周转量和交通工具拥有量见表 1-4-2。

表 1-4-2　　我国交通运输量、周转量和交通工具拥有量

项目		2010 年	2015 年	2016 年
运量	客运（亿人）	327.0	194.3	190.0
	铁路	16.8	25.3	28.1
	公路	305.3	161.9	154.3
	水运	2.2	2.7	2.7
	民航	2.7	4.4	4.9
	货运（亿 t）	324.18	417.6	438.7
	铁路	36.43	33.6	33.3
	公路	244.81	315.0	334.1
	水运	37.89	61.4	63.8
	民航	0.06	0.06	0.07
周转量	客运（亿人·km）	27 894	30 059	31 259
	铁路	8762	11 961	12 579
	公路	15 021	10 743	10 229
	水运	72	73	72
	民航	4039	7283	8378
	货运（亿 t·km）	141 837	178 356	186 629
	铁路	27 644	23 754	23 792
	公路	43 390	57 956	61 080
	水运	68 428	91 773	97 339
	民航	178.9	208.1	222.5
民用汽车拥有量（万辆）		7 801.8	16 284.5	18 574.5
其中：私人载客车		4 989.5	14 099.1	16 330.2
铁路机车拥有量（台）		19 431	21 366	21 453
民用机动船拥有量（万艘）		15.56	16.59	16.01
民用飞机期末拥有量（架）		2405	4554	5046

数据来源：国家统计局，《2017 中国统计年鉴》《2016 中国统计年鉴》。

4.1.2　能源消费

随着近年来交通运输能力的持续增强和交通运输规模的不断扩大，交通运输行业能源消费量呈现快速增长态势。2016 年，交通运输领域能源消费量为 4.4 亿 tce，比 2015 年增长 3.9%，占全国终端能源消费量的 13.6%。汽油消费量 11 983 万 t，柴油消费量 12 516万 t。2016 年我国交通领域分品种能源消费量见表 1 - 4 - 3。

表 1 - 4 - 3　　我国交通运输业领域分品种能源消费量

品种		2010 年		2015 年		2016 年	
		实物量	标准量	实物量	标准量	实物量	标准量
石油（万 t，万 tce）	汽油	6545	9621	11 200	16 480	11 983	17 632
	煤油	1601	2356	2561	3768	2723	4007
	柴油	9362	13 641	12 117	17 655	12 516	18 237
燃料油		1470	2100	1786	2552	2778	1944
液化石油气		72	123	106	182	110	189
电（亿 kW·h，万 tce）		577	710	972	1195	1105	1359
天然气（亿 m³，万 tce）		47	62	336	447	420	559
总计（万 tce）			28 939		42 278		43 927

注　1t 液化天然气＝725m³ 天然气，1t 压缩天然气＝1400m³ 天然气，1t 液化石油气＝800m³ 天然气。

数据来源：国家统计局；国家发展改革委；国家铁路局；中国电力企业联合会；中国汽车工业协会；中国汽车技术研究中心；中国石油经济技术研究院；《国际石油经济》。

4.2　主要节能措施

交通运输是能源消耗和温室气体排放的重要领域，我国交通运输部门已经从政策激励、专项行动、低碳体系及试点建设、示范项目、技术创新及应用等方面采取了积极措施，并取得一定成效，但是与国外相比，我国交通用能部门仍有较大的节能潜力。据估计，中国机动车燃油经济性水平比欧洲低 25.0%，比日本低 20.0%，比美国低 10.0%。

2016 年，国务院及交通运输部相继发布了《关于印发交通运输信息化"十三五"发展规划的通知》《关于印发交通运输科技"十三五"发展规划的通知》《综合运输"十三五"发展规划》等一系列规划类文件，为交通运输部门"十三五"工作的开展提供了指导。其中，2017 年，国务院印发《"十三五"现代综合交通运输体系发展规划》，提出了"十三五"综合交通运输发展的主要指标及措施。具体见表 1-4-4。

表 1-4-4　我国"十三五"综合交通运输发展主要指标

指　标　名　称		2015 年	2020 年	属性
基础设施	铁路营业里程（万 km）	12.1	15	预期性
	高速铁路营业里程（万 km）	1.9	3.0	预期性
	铁路电气化率（%）	61	70	预期性
	公路通车里程（万 km）	458	500	预期性
	高速公路建成里程（万 km）	12.4	15	预期性
	内河高等级航道里程（万 km）	1.36	1.71	预期性
	沿海港口万吨级及以上泊位数（个）	2207	2527	预期性
	民用运输机场数（个）	207	260	预期性
	通用机场数（个）	300	500	预期性
	城市轨道交通运营里程（km）	3300	6000	预期性
	油气管网里程（万 km）	11.2	16.5	预期性
运输服务	动车组列车承担铁路客运量比重（%）	46	60	预期性
	民航航班正常率（%）	67	80	
	公路货运车型标准化率（%）	50	80	预期性
	城区常住人口 100 万以上城市建成区公交站点 500m 覆盖率（%）	90	100	约束性

续表

指 标 名 称		2015 年	2020 年	属性
智能交通	交通基本要素信息数字化率（％）	90	100	预期性
	铁路客运网上售票率（％）	60	70	预期性
	公路客车 ETC 使用率（％）	30	50	预期性
绿色安全	交通运输 CO_2 排放强度下降率（％）	7 *	预期性	
	道路运输较大以上等级行车事故死亡人数下降率（％）	20 *	约束性	

* 表示与"十二五"末相比较。

交通运输系统涵盖了公路、铁路、水运、航空等多种运输方式，且各运输方式又拥有多种类型的交通工具，在燃油类型、能耗等方面存在较大差异。因此，每种运输方式在结合整个交通领域节能减排路径及措施的情况下，根据自身用能种类、用能结构及用能特征的不同，均可以采取有针对性的节能减排措施。

4.2.1 公路运输

(1) 加快公路充电桩、加气站建设，积极推动新能源汽车发展。

2016 年以来，各地政府对充电桩建设的扶持力度不断加大，进一步推进了充电网络建设。截至 2016 年 10 月，我国电动汽车充电桩达到 10.7 万个，较 2015 年增长 118％，加上私人充电桩，充电桩总数已经超过 17 万个。根据《关于加快电动汽车充电基础设施建设的指导意见》，到 2020 年车桩比将接近 1∶1。

2016 年 6 月 28 日，浙江第一座高速公路服务区 LNG 加气站，在宁波绕城高速公路东段的镇海服务区北区正式投入运营。"十三五"期间，各地将加大 LNG 加气站的建设，预计甘肃规划建设加气站 517 座，其中，高速公路服务区新建加气站 150 座。

截至 2016 年底，新能源营运车辆在交通运输行业的应用渐成规模。全国新能源城市公交车推广数量达到 8.6 万辆，新能源出租车已超过 6000 辆，新能源物流配送、分时租赁和公路客运等业务也逐步在多地示范运营。

> 以宁波舟山港 LNG 集卡车为例，截至 2015 年底，服务于宁波舟山港集疏运的 LNG 集卡车约有 2000 辆。与传统的柴油燃料相比，LNG 集卡车使用 LNG 燃料能够年减排二氧化碳达 120t/辆，减排污染物约 30t/辆。以一汽解放汽车有限公司生产的 LNG 物流载货车为例，可比常规柴油运输车节能 15% 左右。据此测算，服务于宁波港域集疏运的 2000 辆 LNG 集卡车一年能够减少二氧化碳排放达 24 万 t，相当于少烧 9 万多吨煤。

（2）提高机动车燃料效率。

继续严格实施营运车辆燃料消耗量限值标准。2016 年 1 月，国家标准委批准发布了新修订的 GB 20997—2015《轻型商用车辆燃料消耗量限值》强制性国家标准，分别对以汽油和柴油为燃料的不同类型的轻型商用车按整车整备质量设定了 64 个燃料消耗量限值。其中，N1 类，即轻型货车汽油车型燃料消耗量限值最低为 5.5L/100km、燃油车型燃料消耗量限值最低为 5.0L/100km；最大设计总质量不超过 3500kg 的 M2 类，即轻型客车汽油车型燃料消耗量限值最低为 5.0L/100km、柴油车型燃料消耗量限值最低为 4.7L/100km，GB 20997—2015 较 GB 20997—2007《轻型商用车辆燃料消耗量限值》各项要求严格 20% 左右。

实施营运车辆燃油消耗量及排放量动态监测。通过在具备 CAN 总线车辆的车载 GPS 设备上，增设了 CAN 数据采集模块或在具备扩展接口的设备上直接开放了软件功能，全程采集车辆动态油耗和车辆实时工况，利用 GPRS 传输数据至数据中心存储，通过营运车辆节能状况动态监控系统、驾驶员节能驾驶行为监测分析系统、燃油消耗量及排放量统计分析系统，实现对车辆油耗和技术状况以及驾驶行为的动态监测。通过加强节能管理来实现节能减排。

> **以实施"燃油消耗量及排放量动态监测与统计系统"的某运输企业为例**，该运输企业对 86 辆安装了燃油监测与统计系统的车辆统计，车辆平均日行驶里程 687.3km，安装前，平均油耗 23.92L/100km；安装后，平均油耗 23.02L/100km，比安装前下降 3.76％，单车日节约燃油约 6.2L。按车辆年运行 300 天计算，86 辆车每年可节省燃油 16 万 L，折合 200tce，减少碳排放约 500t。

（3）加强节能新技术的推广应用。

推广特长公路隧道"双洞互补"式网络通风技术。 利用"双洞互补"原理，以纵向通风辅以双向换气系统将两条隧道联系起来进行内部相互通风换气，用下坡隧道富裕的新风量弥补上坡隧道新风量的不足，使两条隧道内空气质量均满足通风要求。有效解决了长度为 4～7km 的特长公路隧道通风难题。该技术[1]年节能量约为 810toc。项目适用于 4～7km 长隧道工程，左右线隧道通风负荷应有较大差异，足以构建双洞换气系统。

分布式节能供电技术。 分布式供电是相对于集中式供电而言的，是将发电系统以小规模（数千瓦至 50MW 的小型模块式）、分散式的方式布置在用户附近，可独立地输出电、热或冷能的系统。相比传统

---

[1]　交通运输部，交通运输行业首批绿色循环低碳示范项目。

的集中供电，分布式供电输电损耗较低，并且可利用可再生能源，因此，节能效果显著。

地源热泵技术。利用地源热泵技术可实现冬季从地源中吸取热量，向车辆服务区建筑物供暖；夏季从室内吸收热量并转移释放到地源中，实现车辆服务区建筑物制冷。地源热泵系统可代替锅炉和空调，且不向外界排放任何废气、废水、废渣。地源热泵要比电锅炉加热节省 2/3 以上的电能，比燃料锅炉节省约 1/2 的能量。由于地源热泵的热源温度全年较为稳定，一般为 10～25℃，其制冷、制热系数可达 3.5～4.4，与传统的空气源热泵相比，要高出 40% 左右。据测算，该技术可节省能源和运行费用 40%～50%。

以北方某高速公路服务区的使用效果为例，使用地源热泵进行冬季供热和夏季制冷，每万平方米用房可节省常规能源约 250tce。

（4）推进智能信息化交通运输体系建设。

2016 年 4 月，交通运输部《交通运输信息化"十三五"发展规划》发布，智慧交通成为交通运输信息化发展的方向和目标。智慧交通是指在现有相对完善的交通基础设施上，将先进的信息技术、通信技术、控制技术、传感技术和系统综合技术有效地集成，并应用于地面运输系统，从而建立起大范围内发挥作用的实时、准确、高效的运输系统。据预测❶，完善的智能交通系统可使路网运行效率提高 80%～100%，堵塞减少 60%，交通事故死亡人数减少 30%～70%，车辆油耗和 CO_2 排放量降低 15%～30%。

---

❶ 王庆一，《2015 能源数据》。

道路旅客运输智能化管理系统：某运输集团通过道路旅客运输智能化运营管理系统建立 GPS 监控调度平台，将集团所属长途客车、公交车、出租车统一安装 GPS 车载终端机实施 24h 实时监控。采集车辆运行数据，驾驶行为数据，车辆故障整理和分析，将车辆油耗、运行情况、维修保养时限、驾驶员不良驾驶行为以直观的报告和图表形式体现出来，为车辆管理过程中的各个环节提供翔实的量化依据。通过对车辆运行过程的综合监控与分析使车辆技术性能与线路结构完美匹配，达到节能高效的目标。该系统实施三年以来，通过对不良驾驶行为的纠正等，平均百公里油耗下降幅度达成 8.8%，通过车线优化匹配，节油率达 49%～60%，通过节油 7 245.78t，实现减少二氧化碳排放约 23 087t。

4.2.2 铁路运输

（1）构建节能型铁路运输结构。

电气化铁路。电气化铁路作为优化铁路能耗结构的重要措施，近年来在我国得到了快速发展。截至 2016 年底，全国电气化铁路营业里程达到 8.0 万 km，比 2015 年增长 7.4%，电化率 64.8%，比 2015 年提高 3.0 个百分点[1]。其中，高铁营业里程达 2.1 万 km。电气化铁路的发展优化了铁路能耗结构，"以电代油"工程取得积极进展。

移动装备。全国铁路机车拥有量为 2.1 万台，比 2015 年增加 87 台，其中，内燃机车占 41.8%，比 2015 年下降 0.9 个百分点；电力机车占 58.1%，比 2015 年提高 0.9 个百分点。全国铁路客车拥有量

---

[1] 交通运输部，《2016 年铁道统计公报》。

为 7.1 万辆，比 2015 年增加 0.3 万辆。其中，动车组 2586 标准组、20 688 辆，比 2015 年增加 380 标准组、3040 辆。全国铁路货车拥有量为 76.4 万辆。

（2）加强铁路运输节能技术应用。

接触网节能技术。适当地控制供电臂的长度。如果采用了过长的供电臂会对牵引接触网造成很大的电能损耗，也会对末端的最低电压产生影响，所以要控制供电臂的长度，使其能满足机车的运行需求即可；在选择接触线材时要选用单位阻抗小的接触线材料，通过选用阻抗比较小的线材来降低电气化铁道的能源消耗。

再生制动技术。总体来讲，电力机车与电传动内燃机车一样，都是依靠牵引电动机进行驱动的。对列车进行制动时，其电动机会发生相应的转变，变成可以供电的发电机。这时候，列车上的动能也会自发转换成为供给列车使用的电能。然而，在应用节能技术后，这些电能有的会被吸引到相应的储能装置技术中，有的会被集中反馈至牵引电网之中。这样，就实现了电能的二次应用，也就是所谓的再生制动。这种再生制动技术通常适用于列车停站数较多的运行模式。据有关资料介绍，在容纳 150 名乘客的 10 节车厢以时速 90km 运行时，从刹车到列车停止的 30s 内大约能够产生 1500kW 的再生电量。

东大阪的新生驹变电所设有可控硅逆变器，靠回收制动车辆的回生电力，每年回收电力 70 万 kW·h，供给非行车用电使用。

德铁采用使列车的气体制动能转换成电能反馈接触网的节能方案，2003 年节约电能 281GW·h，相当于 122 座现代化风力发电设备的发电量。

日本铁路采用"可变电压可变频率（VVVF）变压控制装

置"以更有效地制动。这一装置可将供电线路中的直流电转换为交流电，根据电车的加速度和速度的变化调整电压和频率，从而使得电动机更有效运转。其最大优点就是比过去的列车减少了约30％的耗电量。

(3) 加大新能源和可再生能源的推广利用。

在铁路行业大力推广新能源和可再生能源替代技术。牵引能耗在铁路能耗中占有比较大的比重，有些国家甚至在60％以上。按日本新干线的数据，用于行车方面的能耗大约占铁路总能耗的87％。列车牵引是能源消耗的主要部分，列车牵引消耗82％的电能和90％的柴油[1]。因此，降低牵引能耗成为降低整个能耗的关键之一。目前的趋势就是采用新能源替代化石能源。比如，新能源发电替代传统的煤电、生物柴油替代燃油等。

目前，我国在铁路客货枢纽和综合车站建设大量采用地源热泵、三联供热泵、太阳能等新能源技术，大力推广中水利用和节能光源，对提高铁路行业能源利用效率效果显著。

以北京南站为例，太阳能光伏发电：北京南站屋在站房中央采光带屋面，铺设了3264块太阳能光伏板，面积6700m²，占全部采光带的50％左右，总发电容量320kW，每年可发电18万 kW·h，减排CO_2排放198t，替代标准煤70t。

冷热电三联供：北京南站客运站房设计中，采用"热电三联供＋污水源热泵"系统，选用1600kW的内燃发电机2台，冷量

[1]　杨浩．铁路重载运输．北京：北京交通大学出版社，2010。

为 1622kW，热量为 2221kW 的烟气热水型溴冷机 2 台，由于北京南站西侧有一座污水泵站，同时选用 2 台 1050 冷吨的离心式污水源热泵机组。三联供系统节能约可实现 420 万 kW•h，节能量为 1697tce/年，减排 CO_2 为 4168t/年。

（4）加强铁路运输基础设施及管理节能。

采用节能型建筑设计站房。在车站设置转换开关式照明，站房、站台和车库顶部设置顶光窗，以减少照明用电力，在建筑物的顶棚上加隔热层、加双层玻璃，以节省空调耗电。

对机车用能实现全过程监控管理。消除跑、冒、滴、漏；提高乘务员操作水平，保持机车的经济运行；加强空调客车制冷、制热管理，采用自控装置，降低能耗。

4.2.3　水路运输

（1）加强船舶能耗实时监测。

加强能耗实时监测，加强能源管理。选取航运船舶作为监测对象，通过分析船舶燃料消耗影响因素，确定统计指标，通过整理本辖区船舶数据库，确定船舶燃料消耗统计调查方法、典型船舶及燃料消耗监测方法，将船舶燃料消耗模块纳入现有港航船舶综合监管系统，并根据船型选择合适的燃油监测设备，开发软件系统，实现对船舶能耗的实时监测。

工程船舶燃油智能化监控系统：该系统由船舶燃油智能化监控系统（管理端）、船舶燃油监控数据采集系统（船舶端）、GPRS（远程无线传输系统）、GPS组成。借助电量传感器和速度传感器采集信号，通过无线网络将数据定时传送至岸基监控管理平台，系统可实现统计、分析、监控和指导生产的功能，对船机燃油实施科学化、数字化管控，年节能量 306toe，适于近岸施工的工程船舶进行推广应用。

(2) 大力推进港口结构调整。

船舶结构调整。2017 年 1 月，交通运输部发布《船舶工业深化结构调整加快转型升级行动计划（2016－2020 年）》。要求全面深化船舶工业结构调整，加快转型升级。要求到 2020 年，海洋工程装备与高技术船舶国际市场份额达到 35％和 40％左右，散货船、油船、集装箱船三大主流船型、高技术船舶和海洋工程装备本土化设备平均装船率分别达到 80％、60％和 40％以上。

港口结构优化。加强沿海、沿江港口结构调整、资源整合力度，促进港口群之间的功能互补和有效协作，着力实现品质与内涵的提升，提高港口的集约利用效率。推进内河港口向等级标准化、布置集中化、作业机械化方向发展，以高等级内河航道建设为契机，打造内河水运枢纽，构建高效综合服务、畅通平安绿色的内河航运体系。加强老码头改造升级和货主码头公用化，提升既有码头设施的专业化和现代化水平，提高港口通过能力和生产效率。

大连绿色港口建设：

1）绿色生产体系：大连港通过实行集装箱不落地中转，减少了周转能耗。"车船直取作业方式""水水中转""海铁联运"，实现了一次申报、一次查验、一次放行，形成了一套集约高效的新体系。

2）新技术替代老技术：大连港港内的高耗能电动机、老式变压器等全面"下岗",变频调速、势能回收等新技术、新设备陆续成为作业现场的主角。

3）智能化系统建设：完成了集团生产指挥智能化调度系统、集装箱码头生产管理系统统一平台、物流一体化服务平台建设等，港口的智能化水平迅速提升。

据统计，大连港集团累计完成节能量 2.2 万 tce，港口生产单位吞吐综合能耗和单位吞吐量二氧化碳排放较 2005 年分别下降 41.9%和 58.8%。

（3）加大节能技术和设备的推广应用。

"油改气"技术。传统港口作业需要大量的水平运输车辆和装卸机械，这些车辆和装卸机械以柴油为动力源，消耗大量的柴油并排放大量的二氧化碳和空气污染物。改用清洁的液化天然气（LNG）作为燃料，可有效降低水平运输车辆和装卸机械的二氧化碳排放和能源成本。

"油改电"技术。"油改电"技术主要包括三种应用实践，分别是轮胎式集装箱门式起重机（RTG）"油改电"技术、港口装卸机械"油改电"改造技术和港区运输车辆的"油改电"技术。

靠港船舶使用岸电技术。岸电系统可实现大功率电能输送，降低陆地和船舶连接电缆的线路损耗，同时岸电取自码头电网，每 1kW•h 发电量的成本和单位电价均低于船舶发电机，降低靠港船舶在港期间运营成本，提高船舶用电稳定性，实现了船舶用电的节能目的。同时大幅降低二氧化碳、二氧化硫及氮氧化物的排放量。

LNG 驱动技术。柴油－LNG 双燃料船舶技术是在保持原有柴油机主体结构和燃烧方式不变的前提下，增加一套 LNG 供气系统和柴油－LNG 双燃料电控喷射系统，通过电子转换开关，实现单纯柴油燃料状态下和油气双燃料状态下两种运行模式的转换。

> 根据船用柴油机台架试验和"苏宿 1260 号"实船试验所取得的资料，双燃料船舶在混合动力模式下，LNG 的占比将达到 60%～70%，氮氧化合物及二氧化碳的减排量将分别实现 85%～90%、10%～15%，LNG 的综合替代率达到 60%，年替代燃油 38.4t，减排氮氧化合物 1.89t。

船用冷热全效热泵技术。船用冷热全效空调热泵系统是以江水（海水）作为冷（热）源的热泵系统：可在夏季提供冷量的同时提供生活热水，冬季充分利用江水（海水）里的低品位热能，满足空调采暖和热水的需求，完全（或部分）取代传统的燃油锅炉系统，实现冷热全效。

> 以某集团"交旅 2 号"为例，采用 3 台（800kW/台）冷热全效热泵机组代替传统的冷水机组＋燃油锅炉＋汽水换热器系统，来满足全船制冷、采暖及热水供应需求。目前该系统已实船安装，设备总投资约 380 万元。按设计参数计算，每年节约燃油 247.88t，折合为 357tce，节约运行费用 188.39 万元，减排二氧化碳 956.8t。

（4）完善港航组织管理。

船舶智能化管理。船舶智能化是在综合传感、通信、信息、计算机等多种先进技术的基础上，结合船舶具体应用环境，构建基于大数据、信息物理系统和物联网等特征的智能系统，使船舶航行、管理与服务更高效、更低耗、更安全和更环保。当前，VTS（船舶交通服务系统）、AIS（船舶自动识别系统）、港口调度系统、电子航道图、船岸一体化的应用构成了智能化的船舶管理系统。

以实施"设施网格化管理系统"的天津港为例，天津港以北疆港区为试点开展网格化设施管理建设工作，运用信息化技术，完成基于工作流驱动的业务受理及协同工作应用、基于 GIS/GPS 的图形化引导应用、基于 3G 无线通信技术的移动终端应用等，实现了对港务设施的网格化管理，可实现年均节能量 12.4toe，适于在大型港口企业进行推广应用。

4.2.4 民用航空

（1）优化航空领域结构。

优化空域结构，改善机队结构。加强联盟合作等措施提高运输效率，降低单位产出能耗和排放量。2016 年，全行业在册小型运输飞机平均日利用率为 6.64h，比 2015 年提高 0.06h；正班客座率平均为 82.6%，比 2015 年提高 0.5 个百分点；正班载运率平均为 72.7%，比 2015 年提高 0.5 个百分点。

优化航路结构[1]。航路结构的优化主要包括航路优选和航路优化两部分。航路优选是指为城市对之间选择多条可用飞行航路，结合气象、空域、导航设施、航路使用情况等条件因素，选择最有利航路飞行，以达到减少飞行时间和降低耗油的目的。航路优化指的是优化航路中的一部分航段，减少飞行时间和油耗。结构优化的方法主要有利用各国空域调整信息优化航路结构、利用高空风的季节变化定期结构优化。

优化调度临时航线。2016 年，航空公司使用临时航线约有 32.6 万架次，缩短飞行距离超过 979 万 km，节约航油消耗 5.3 万 t，减排 16.6 万 t CO_2。

---

[1] 优化航路结构，推进航空公司节能减排，中国民用航空，2013 年 5 月。

北京、浦东往返悉尼的航线走向《管制一号》中规定由广州出境，经香港、菲律宾、印度尼西亚进入澳大利亚。经分析，若冬季北京、浦东去往悉尼的航线改走大连、上海出境，经关岛、巴布亚新几内亚进入澳洲，虽然航线距离稍远，但可以利用冬季的顺风，缩短实际飞行时间。实际跟踪结果显示，2010 年 11 月 18 日—2011 年 5 月 31 日，澳洲航线已经为国航节省飞行时间 98h，减少耗油 512t，增加业载 497t，共节省 228.3 万元。

（2）加强航空领域新能源应用。

加强"电代油"的推广。航空运输领域在机场岸电等能源可替代的环节不断加大"电代油"的推广应用。通过用电来达到节约燃油，减少排放的目的。

非化石能源应用。通过实施太阳能光伏、光热项目，将太阳能转化为电能或热能，减少传统化石能源的消耗。比如分布式光伏电站项目；基地安装太阳能热水器项目。

使用航空生物燃料。以动植物油脂（如餐饮废油）和农林废弃物为原料制成的航空燃料。全生命周期碳排放量与传统航油比减少 35％以上。我国研制生产的中石化一号生物航空煤油，由餐饮废油为原料，采用加氢工艺生产，以 1∶1 的比例与普通航空煤油混合使用。2015 年 3 月 21 日，加注生物航空煤油的海航客机从上海飞往北京，首次商业性载客飞行成功。根据国际航空运输协会预测，2020 年生物航空煤油占航空煤油消费量的 30％❶。

（3）加快节能技术的推广应用。

发动机节能改造。利用先进的飞机发动机材料和工艺，对现有飞

---

❶ 航空公司应用航空生物燃料的成本效益分析，化工进展，2014 年 5 月。

机发动机进行升级改造，提高发动机燃油效率，减少燃油消耗。据估计，飞机发动机节能改造后，单架飞机年节能量为 45.6t 燃油。

飞机减重喷漆降阻技术。 通过选装轻型座椅、轻质厨房项目（包括餐车、饮料车、垃圾车）、轻质航空运输集装器、轻质航机媒体装置和炭刹车系统改装等，降低飞机对升力需求，降低飞行油耗；或在相同飞行油耗下，增加业载重量，降低单位运输周转量油耗。飞机每小时因携带额外重量所多消耗的燃油量相当于额外重量的 3‰～4‰，采用 3.5‰均值计算。单架飞机年节油量 127.8kg。飞机减重可采用轻型座椅进行减重，相当于每个座椅减轻 3kg，则整个飞机减重达 450kg，年节油量为 57.49t。此外，在飞机表面重新喷漆，减少空气阻力，也有助于降低飞机油耗。

推广应用桥载设备替代飞机 APU。 桥载设备（GPU）主要包括静变电源和飞机地面专用空调。400Hz 桥载静变电源是将 380V/50Hz 市电转换成稳定的 115V/400Hz 电源，为飞机在地面停留期间提供电能的地面设备；飞机地面专用空调是在飞机靠桥期间为飞机客舱提供冷（热）空气的专用空调机组。而 400Hz 桥载电源和飞机地面专用空调依靠电力提供能源，在飞机靠桥期间可以关闭 APU，从而节省航空燃油。

> 根据航空公司的数据统计，选择 3 种有代表性的机型进行分析：C 类机型选择空客 A320，D 类机型选择麦道 MD11，E 类机型选择波音 B747。按国内机场飞机靠桥 1h 为单位，每架飞机每天按靠桥 3 次计算，得出不同机型飞机每小时运行 APU 平均消耗的航空煤油在 100～400kg 之间。若飞机靠桥期间关闭 APU，采用桥载设备提供电源和空调，预计 A320、MD11 和 B747 每年分别可节省 178、351、595tce❶。

---

❶ 陈军. 桥载设备替代飞机 APU 的节能减排成效，节能与环保，2012 年第 10 期。

4.3　节能效果

2016 年，我国交通运输业能源利用效率进一步提高，公路、水路、民航单位换算周转量能耗比 2015 年分别下降了 3.5%、0.8% 和 0.3%；铁路单位换算周转量能耗比 2015 年上升 0.9%。按 2016 年公路、铁路、水运、民航换算周转量计算，2016 年与 2015 年相比，交通运输行业实现节能量 961 万 tce。我国交通运输主要领域节能情况见表 1 - 4 - 5。

表 1 - 4 - 5　　　　我国交通运输主要领域节能量

类型	单位运输周转量能耗 [kgce/（万 t·km）]（换算）			2016 换算周转量 （亿 t·km）	2016 年节能量 （万 tce）
	2010 年	2015 年	2016 年		
公路	556	431	416	62 103	932
铁路	55.9	46.7	47.1	36 371	− 15
水运	50.8	36.1	35.8	97 411	29
民航	6190	5152	5134	826	15
合计					961

注　1. 单位运输工作量能耗按能源消费量除换算周转量得出。

　　2. 电气化铁路用电按发电煤耗折标准煤。

　　3. 换算吨公里：吨公里＝客运吨公里＋货运吨公里；铁路客运折算系数为 1t/人；公路客运折算系数为 0.1t/人；水路客运为 1t/人；民航客运为 72kg/人；国家航班为 75kg/人。

数据来源：国家统计局；国家铁路局；交通运输部；中国电力企业联合会；中国汽车工业协会；中国汽车技术研究中心；中国石油经济技术研究院；《中石油经研院能源数据统计（2016）》；金云，朱和．中国炼油工业发展现状与"十三五"发展趋势，国际石油经济，2015（5）：14 - 21；王占黎，单蕾．中国天然气行业 2014 年发展与 2015 年展望，国际石油经济，2015（6）：37 - 43；田春荣，2014 年中国石油和天然气进出口状况分析，国际石油经济，2015（3）：57 - 67；钱兴坤，姜学峰，2014 年国内外油气行业发展概述及 2015 年展望，国际石油经济，2015（1）：35 - 43；2015 年交通运输业发展公报；2015 年中国民航统计公报。

5

全社会节能成效

本章要点

(1) 全国单位 GDP 能耗逐年下降。 2016 年，全国单位 GDP 能耗为 0.677tce/万元（按 2010 年价格计算，下同），比 2015 年下降 4.6%，高于"十二五"期间年均下降速度 0.6 个百分点。与 2010 年相比，累计下降 22.2%。自 2012 年以来，我国单位 GDP 能耗一直保持较快下降速度，2012、2013、2014、2015 年分别同比下降 4.7%、3.7%、5.1%、5.3%。

(2) 全社会节能效果良好。 2016 年与 2015 年相比，我国单位 GDP 能耗下降实现全社会节能量 2.18 亿 tce，占 2016 年能源消费总量的 5.0%，可减少 CO_2 排放 4.8 亿 t，减少 SO_2 排放 100.9 万 t，减少氮氧化物排放 106.4 万 t。

(3) 建筑部门为节能重点领域。 全国工业、建筑、交通运输部门合计现技术节能量至少 8025 万 tce，占全社会节能量的 36.8%。其中工业、建筑、交通部门分别实现节能量 2970 万、4094 万、961 万 tce；分别占全社会节能量 13.6%、18.8%、4.4%。

（一）全国单位 GDP 能耗

全国单位 GDP 能耗保持逐年快速下降态势。 2016 年，全国单位 GDP 能耗为 0.677tce/万元❶（按 2010 年价格计算，下同），比 2015 年下降 4.6%，高于"十二五"期间年均下降速度 0.6 个百分点。与 2010 年相比，累计下降 22.2%。自 2012 年以来，我国单位 GDP 能耗一直保持较快下降速度，2012、2013、2014、2015 年分别同比下降 4.7%、3.7%、5.1%、5.3%，如图 1-5-1 所示。

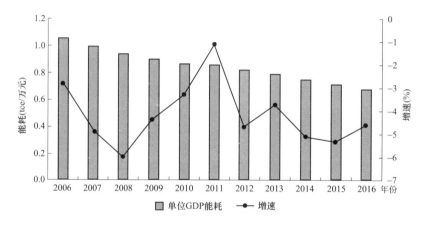

图 1-5-1　2006 年以来我国单位 GDP 能耗及变动情况

（二）全社会节能量

2016 年与 2015 年相比，我国单位 GDP 能耗下降实现全社会节能量 2.18 亿 tce，占 2016 年能源消费总量的 5.0%，可减少 CO_2 排放 4.8 亿 t，减少 SO_2 排放 100.9 万 t，减少氮氧化物排放 106.4 万 t。

全社会节能量中，主要部门技术节能量为 8025 万 tce，占全社会节能量的 36.8%；结构及其他技术节能量为 13 786 万 tce，占全社会节能量的 63.2%。

---

❶ 本节能耗和节能量均根据《2017 中国统计年鉴》中的 GDP 和能源消费数据测算。

（三）技术节能量

2016 年与 2015 年相比，全国工业、建筑、交通运输部门合计现技术节能量至少 8025 万 tce。其中工业部门实现节能量 2970 万 tce，占全社会节能量的 13.6%；建筑部门实现节能量 4094 万 tce，占全社会节能量的 18.8%，为节能重点领域；交通运输部门实现节能量 961 万 tce，占全社会节能量的 4.4%。2016 年主要部门技术节能情况见表 1-5-1。

表 1-5-1　　　　　2016 年我国主要部门节能量

部门	2016 节能量（万 tce）	占比（%）
工业	2970	13.6
建筑	4094	18.8
交通运输	961	4.4
主要部门技术节能量	8025	36.8
结构及其他技术节能量	13 786	63.2
全社会节能量	21 811	100.0

注　1. 节能量为 2016 年与 2015 年比较。
　　2. 建筑节能量包括新建建筑执行节能设计标准和既有住宅节能技术改造形成的年节能能力。

节 电 篇

电 力 消 费

本 章 要 点

(1) 全社会用电量增速明显提高。 2016 年，全国全社会用电量达到 5.97 万亿 kW·h，比上年增长 4.9%，增速比上年上升约 4 个百分点。

(2) 第一产业、第三产业、居民生活用电比重上升，第二产业用电比重下降。 2016 年，第一产业、第三产业和居民生活用电量分别为 1092 亿、7970 亿、8071 亿 kW·h，占全社会用电量的比重分别为 1.8%、13.3%、13.5%，分别上升 5.0%、11.2%、10.8%。第二产业用电量 42 615 亿 kW·h，占全社会用电量的比重为 71.3%，占比下降 1.46 个百分点。

(3) 高耗能行业总用电负增长，轻、重工业用电量增幅下降。 2016 年，全国工业用电量 4.19 万亿 kW·h，比上年增长 2.8%，增速比上年上升 3.55 个百分点；轻、重工业用电量分别增长 4.4%、2.5%，增幅比上年分别上升 3.0%、3.7%。受国内经济走势影响，高耗能行业用电增长乏力，黑色金属、有色金属、化工和建材四大高耗能行业用电合计 1.79 万亿 kW·h，比上年下降 0.03%，增速同比上升 1.9 个百分点。

(4) 人均用电量保持快速增长，但仍明显低于发达国家水平。 2016 年，全国人均用电量和人均生活电量分别达到 4321kW·h 和 584kW·h，比上年分别增加 179kW·h 和 54kW·h；我国人均用电量已超过世界平均水平，但仅为部分发达国家的 1/4～1/2。

1.1　全社会用电量

2016 年，全国全社会用电量达到 59 747 亿 kW·h，比 2015 年增长 4.9%，增速上升约 4.0 个百分点。全社会用电量增速上升的主要原因：国内工业过剩产能化解、房地产市场调控取得初步成效及国际经济逐渐复苏，2016 年我国经济运行总体平稳，转方式、调结构稳步推进。消费稳定增长，进出口降幅收窄，企业效益回升，第三产业比重进一步提高。就业基本稳定，消费价格温和上涨，第三产业和居民生活用电增速明显上升，分别上升 11.2、10.8 个百分点。2000 年以来全国用电量及增速情况，如图 2-1-1 所示。

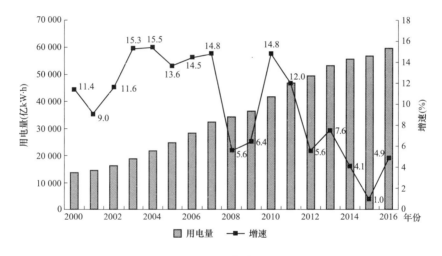

图 2-1-1　2000 年以来我国用电量及增速

第一产业、第三产业、居民生活用电比重上升。2016 年，第一产业、第三产业和居民生活用电量分别为 1092、7970、8071kW·h，比 2015 年增长 1.8%、13.3%、13.5%，增速均高于全社会用电增速；占全社会用电量的比重分别为 1.8%、13.3%、13.5%，分别上升 5.0%、11.2%、10.8%。第二产业用电量 42 615 亿 kW·h，比 2015 年上升 2.8%，占全社会用电量的比重为 71.3%，占比下降

1.46 个百分点。

其中，第一产业、第三产业对全社会用电增长的贡献率分别达到
1.9％、28.6％，比上年下降 3.0、63.1 个百分点；居民生活对全社
会用电增长的贡献率达到 27.9％，比上年下降 36.4 个百分点。2016
年全国三次产业及居民生活用电增长及贡献率，见表 2 - 1 - 1。

表 2 - 1 - 1　　2016 年全国三次产业及居民生活用电增长及贡献率

产业	2015 年				2016 年			
	用电量 （亿 kW·h）	同比增 速（％）	结构 （％）	贡献率 （％）	用电量 （亿 kW·h）	同比增 速（％）	结构 （％）	贡献率 （％）
全社会	56 933	0.96	100	100	59 747	4.94	100	100
第一产业	1040	2.55	1.83	4.8	1092	5.01	1.83	1.9
第二产业	41 442	- 0.79	72.79	- 60.7	42 615	2.83	71.33	41.68
第三产业	7166	7.42	12.59	91.7	7970	11.22	13.34	28.6
居民生活	7285	5.01	12.80	64.3	8071	10.78	13.51	27.93

数据来源：中国电力企业联合会，《2016 年电力工业统计资料汇编》。

1.2　工业及高耗能行业用电

工业用电量同比下降，比上年增速下降幅度大于全社会用电增速
下降幅度。2016 年，全国工业用电量 41 889 亿 kW·h，增长 2.8％，
增速比 2015 年上升 3.55 个百分点。轻工业用电增速高于全社会用电
量增长水平。轻、重工业用电量分别增长 4.4％、2.5％，增幅比
2015 年分别上升 3.0％、3.7％。用电结构为 16.8：83.2，与 2015
年相比轻工业占比略有上升。

高耗能行业总用电与 2015 年基本持平。2016 年，黑色金属、有
色金属、化工、建材等四大高耗能行业合计用电 17 890 亿 kW·h，比
2015 年减少 0.03％，增速同比上升 1.9 个百分点。其中，黑色金属行业

用电量减少 3.5%，增速同比上升 5.84 个百分点，主要受制造业及
房地产投资增速持续回落的影响；有色金属行业用电量增长 1.2%，
增速同比下降 5.2 个百分点；化工行业用电量增长 0.2%，增速下降
1.46 个百分点；建材行业用电量增长 2.7%，增速上升 9.26 个百
分点。

交通运输/电气/电子设备制造业用电增速高于全社会平均水平。
2016 年交通运输/电气/电子设备制造业用电增长 8.7%，增速同比上
升 3.96 个百分点。2016 年我国主要工业行业用电情况，见表 2-1-2
和图 2-1-2。

表 2-1-2 　　　　　　　**2016 年主要工业行业用电情况**

行业	用电量（亿 kW·h）	增速（%）	结构（%）
全社会	59 747	4.94	100.0
工业	41 889	2.81	70.1
1. 轻工业	7057	4.38	11.8
2. 重工业	34 831	2.50	58.3
钢铁冶炼加工	4882	−3.46	8.2
有色金属冶炼加工	5453	1.20	9.1
非金属矿物制品	3188	2.66	5.3
化工	4367	0.24	7.3
纺织业	1593	2.74	2.7
金属制品	1750	6.63	2.9
交通运输/电气/电子设备	2712	8.7	4.5
通用/专用设备制造	1280	7.00	2.1

注 结构中行业用电比重是占全社会用电量的比重。

数据来源：中国电力企业联合会，《2016 年电力工业统计资料汇编》。

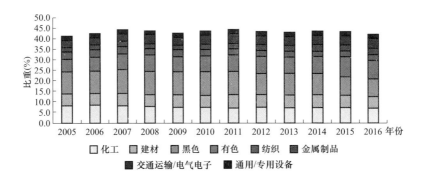

图 2-1-2　2005 年以来主要行业占全社会用电比重变化

1.3　各区域用电量增速

各区域用电增速均有不同程度上升。2016 年，华北（含蒙西）电网地区用电 14 349 亿 kW•h，同比增长 3.7%，增速比 2015 年上升 3.1 个百分点；华东用电 14 582 亿 kW•h，同比增长 7.5%，增速上升 5.7 个百分点；华中用电 10 456 亿 kW•h，同比增长 5.1%，增速上升 4.7 个百分点；东北（含蒙东）用电 4138 亿 kW•h，同比增长 3.5%，增速上升 5.5 个百分点；西北（含西藏）用电 6312 亿 kW•h，同比增长 4.2%，增速上升 0.2 个百分点；南方电网地区用电 9910 亿 kW•h，同比增长 4.0%，增速上升 3.7 个百分点。2016 年全国分地区用电情况，见表 2-1-3。

表 2-1-3　全国分地区用电量

地区	2015 年		2016 年		
	用电量 （亿 kW•h）	比重 （%）	用电量 （亿 kW•h）	增速 （%）	比重 （%）
全国	56 935	100	59 747	4.9	100
华北	13 877	24.37	14 349	3.7	24.02
华东	13 567	23.83	14 582	7.5	24.41

续表

地区	2015 年		2016 年		
	用电量 （亿 kW·h）	比重 （%）	用电量 （亿 kW·h）	增速 （%）	比重 （%）
华中	9947	17.47	10 456	5.1	17.50
东北	3956	6.94	4138	3.5	6.93
西北	6058	10.64	6312	4.2	10.48
南方	9530	16.74	9910	4.0	16.59

数据来源：中国电力企业联合会，《2016 年电力工业统计资料汇编》。

2016 年用电增长相对较快的省份主要集中于中东部地区。西藏（21.43%）、陕西（11.08%）、安徽（9.46%）、浙江（8.98%）、江西（8.76%）、新疆（7.23%）、北京（7.09%）、江苏（6.73%）、福建（6.30%）等 17 个省份用电增速超过全国平均水平（4.9%）。云南（-1.95%）、甘肃（-3.06%）、青海（-3.11%）用电增速为负值。

1.4 人均用电量

人均用电量保持快速增长。2016 年，我国人均用电量和人均生活电量分别达到 4321kW·h 和 584kW·h，比 2015 年分别增加 179kW·h 和 54kW·h；2005 年以来我国人均用电量和人均生活电量年均分别以 9.5% 和 9.7% 的幅度增长。2000 年以来我国人均用电量和人均生活用电量变化情况，如图 2-1-3 所示。

当前，我国人均用电量已超过世界平均水平❶，但仅为部分发达国家的 1/4～1/2；人均生活用电量低于世界平均水平，与发达国家

---

❶ 根据 IEA 数据测算，2015 年世界人均用电量 3027kW·h，人均生活用电量 742kW·h。

差距更大，不到加拿大的 1/8，如图 2-1-4 所示。

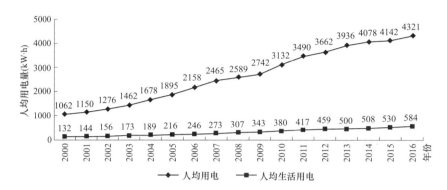

图 2-1-3 2000 年以来我国人均用电量和人均生活用电量

数据来源：中国电力企业联合会，《2016 年电力工业统计资料汇编》。

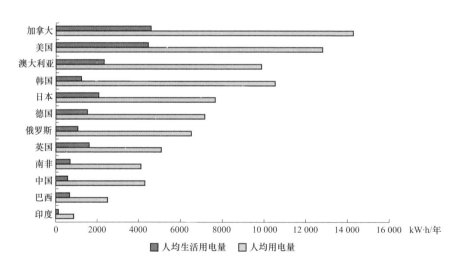

图 2-1-4 中国（2016 年）与部分国家（2015 年）

人均用电量和人均生活用电量对比

2

工 业 节 电

本 章 要 点

(1) 制造业多数产品单位电耗降低,电解铝、纸和纸板电耗上升。 2016 年,吨钢电耗 467kW·h/t,降低 6kW·h;水泥生产综合电耗 85.5kW·h/t,降低 0.5kW·h/t;合成氨生产综合电耗 983kW·h/t,降低 6kW·h/t;烧碱生产综合电耗 2028kW·h/t,降低 200kW·h/t;电石生产综合电耗 3224kW·h/t,降低 53kW·h/t;电解铝生产综合交流电耗 13 599kW·h/t,上升 37kW·h/t,纸和纸板生产综合电耗 516kW·h/t,上升 10kW·h/t。

(2) 厂用电率和线损率均有所下降。 2016 年,全国 6000kW 及以上电厂综合厂用电率为 4.77%,比 2015 年下降 0.32 个百分点。其中,水电厂厂用电率 0.29%,低于 2015 年 0.03 个百分点;火电厂厂用电率 6.01%,低于 2015 年 0.03 个百分点。2016 年 6000kW 及以上电厂用电率整体略有下降。全国线损率为 6.49%,较 2015 年低 0.15 个百分点,线损电量 3063 亿 kW·h。综合发电侧与电网侧,相较 2015 年,2016 年电力工业生产领域节电约为 306 亿 kW·h。

(3) 工业部门实现节电量比 2015 年显著增加。 相比 2015 年,2016 年工业部门节电量估算为 564 亿 kW·h,钢铁、水泥等 8 种主要工业产品实现节电量 119.8 亿 kW·h。

2.1 综述

长期以来，工业是我国电力消费的主体，工业用电量在全社会用电量中的比重保持在 70% 以上水平。2016 年，全国工业用电量 41 889亿 kW•h，比 2015 年上升 2.8%，增速比 2015 年上升 3.55 个百分点，是拉动全社会用电量增速回升的重要原因。轻、重工业用电量分别增长 4.4%、2.5%，增速比 2015 年分别上升 3、3.7 个百分点。轻、重工业用电结构为 16.8：83.2，轻工业用电比重同比上升 0.2 个百分点。轻工业用电增速高于工业用电量增速。

2016 年，在工业用电中，钢铁、有色金属、煤炭、电力、石油、化工、建材等重点耗能行业用电量占整个工业企业用电量的 60% 以上。高耗能行业用电负增长（－0.1%），其中黑色金属行业用电量同比减少 3.5%，是导致高耗能行业用电下降的主要原因，建材行业用电量同比增长 2.7%，有色金属行业用电量同比增长 1.2%，化工行业用电量同比增长 0.2%。随着市场经济体制的不断成熟，市场竞争日益加剧，节能减排压力不断加大，国内大多数工业企业积极采取产业升级、技术改造、管理优化等一系列措施降本增效，取得了明显成效。

2.2 制造业节电

2.2.1 钢铁工业

2016 年，黑色金属冶炼及压延加工业用电量 4882 亿 kW•h，同比下降 3.5%，占全社会用电量的 8.2%，占比同比下降 0.7 个百分点。其中，吨钢电耗为 467kW•h/t，同比减少 1.3%。

钢铁工业主要节电措施包括：

（1）强化低温余热发电。

干式 TRT 装置。能量回收透平装置（简称 TRT）是世界公认的钢铁企业重大能量回收装置。它是利用高炉炉顶煤气的余压余热，把煤气导入透平膨胀机，使压力能和热能转化为机械能，驱动发电机发电的一种能量回收装置。

目前，钢铁产业余热余能的回收利用率相当低，其中，高温余热比较容易回收，目前在节能降耗的技术改造中已得到广泛应用；但低温余热的回收却收效甚微，如高炉冲渣水的余热，大多被浪费掉。应该指出，低温余热约占总余热的35%，因此，钢铁产业的低温余热存在着巨大的回收潜力。

冶金工业的持续发展需要采用高效、节能、环保的 TRT 装置，以节约能源，减少浪费，降低成本，提高效益。干式 TRT 是为了适应冶金高炉干式除尘系统而研制的新一代产品，是钢铁产业发展的必然选择。干式 TRT 发电功率比湿式高30%以上，吨铁回收电量约50kW•h；提高煤气热值40～90℃；可使炉顶压力波动稳定在±2kPa以下；可实现全自动远程一键式自动控制模式。目前该技术可实现节能量46万 tce/年，减排约123万 t CO_2/年。

上海宝钢股份有限公司1号（5046m³）高炉，采用干式 TRT，回收高炉煤气余压余热，透平回收功率达25 000kW 左右。目前机组运行情况良好，节能效果显著。采用干式 TRT 后，回收功率达到25 000kW，每年按8000h计算，年回收电能25 000×8000＝20 000万 kW•h，按节能效益果计算（每千瓦时电按0.5元计），预计可为用户节约费用1亿元；按照电力折算标准煤等价系数计算，节能量可达到6.4万 tce/年，二氧化碳减排量可达到16.8万 t CO_2/年。

矿热炉烟气余热利用技术。通过余热回收装置，利用生产过程中产生的高温烟气及辐射热量，进行二次回收利用，在余热锅炉内产生中低压蒸汽，进而推动发电设备进行发电。

非稳态余热回收及饱和蒸汽发电技术。该节能技术主要应用于非稳态余热资源的回收利用。由于这类余热热量和参数不稳定、波动大导致回收困难，因此目前多数不稳定余热直接排放到环境中，未能得到有效利用。据不完全统计，仅在钢铁、有色冶炼行业，全国至少有300万tce以上非稳态余热资源未得到充分利用。目前该技术可实现节能量8万tce/年，减排约21万t CO_2/年。非稳态余热经高温除尘，余热锅炉将热量传递给循环工质，循环工质吸收热量后变为蒸汽进入储热器。储热器的作用是将非稳态的工况转化为稳态。稳态蒸汽进入汽轮机内除湿再热后，经饱和蒸汽轮机做功，乏汽进入凝汽器，在其内凝结为水，并经除氧后返回余热锅炉开始下一个循环，从而将非稳态余热资源转化为电能高效利用。

济南钢铁股份有限公司（济钢）一炼钢转炉饱和蒸汽4.5MW余热电站。主要技术改造内容：对转炉蓄热器进行改造，新建汽轮发电机，主要技术改造设备包括蓄热器、汽轮机和发电机。节能技术改造投资额3500万元，建设期10个月。每年可节能11 500tce，年节能经济效益874.8万元，投资回收期4年。

（2）推进电机系统节电改造。

高压变频调速技术。全国电动机装机总容量已达4亿多kW，年耗电量达12 000亿kW·h，占全国总用电量的60%，占工业用电量的80%；其中风机、水泵、压缩机的装机总容量已超过1.8亿kW，年耗电量达8000亿kW·h，占全国总用电量的40%左右。目前，仅有约15%左右变频调速运行。目前该技术可实现节能量90万tce/年，减排约 238 万 t CO_2/年。高压变频调速技术采用单元串联多电平技术或者 IGBT 元件直接串联高压变频器等技术，实现变频调速系统的高输出功率（功率因数大于 0.9），同时消除对电网谐波的污染。对中高压、大功率风机、水泵的节电降耗作用明显，平均节电率在 30% 以上。

大冶特钢第四炼钢厂

建设规模：1600kW/6kV 除尘风机高压变频器改造。主要技术改造内容：70t 交流电弧炉除尘风机变频调节，主要设备为 1600kW/6kV 除尘风机变频器。节能技术改造投资 280 万元，建设期 12 个月。每年可节能 2362tce，年节能经济效益 276 万元，投资回收期 12 个月。

2.2.2 有色金属工业

2016 年，有色金属行业用电量为 5453 亿 kW·h，比上年提高 1.4%。有色金属行业电力消费主要集中在冶炼环节，铝冶炼是有色金属工业最主要的耗电环节。2016 年，电解铝用电占全行业用电量的 77.9%。有色金属行业电力消费情况，见表 2-2-1。

表 2-2-1　　　　有色金属行业电力消费情况

指标	2011 年	2012 年	2013 年	2014 年	2015 年	2016 年
有色金属行业用电量（亿 kW·h）	3560	3835	4054	5056	5388	5453
电解铝用电量（亿 kW·h）	2354	2637	2865	3099	4247	4247
有色金属行业用电量占全国用电量比重（%）	7.6	7.7	7.6	8.9	9.4	9.1
电解铝用电量占有色金属行业用电量的比重（%）	66.1	68.8	70.7	61.3	62.2	77.9

数据来源：中国电力企业联合会。

2016 年，全国铝锭综合交流电耗上升为 13 599kW•h/t，同比上升 37kW•h/t，节电－11.8 亿 kW•h。

有色金属行业节电措施主要包括：

（1）研发应用节电新技术。

节电技术可以大幅促进有色金属行业节能节电，提高企业效益。低电压低电耗、异型阴极和阴极棒的采用等开发应用，对于促进有色金属行业节电起到了重要作用。

中孚铝业改造 320kA 电解槽下料模式
吨铝可节电 10kW•h

中孚铝业公司 320kA 系列电解槽是国内首条开发投产的大型铝电解生产线，在多年的运行中，生产指标不断优化，管理技术成熟稳定。但随着近两年电解质体系的变化，低过热度和氧化铝浓度的局部偏差造成效应系数升高及管理难度增加。技术人员在实践中发现，改善局部氧化铝浓度差值、优化槽内各区域氧化铝溶解反应是解决问题的关键。经过论证，中孚铝业公司将原来电解槽的 5 点同时下料模式改造为"3－2 下料模式"，即先 1、3、5 下料点下料，再 2、4 下料点下料，这样能够增加电解槽的单点打壳频率，提高加料口畅通率，并且实现单点氧化铝延时扩散，能够在相互交替加料的过程中，使各区域氧化铝均匀扩散反应，提高槽内氧化铝浓度的均匀化。

公司首先在 320kA 系列选取了 10 台电解槽作为试验槽进行改造，由巡检班、计算站技术人员联合加装管件，增加电磁阀，槽控机内加装 PLC 控制，顺利实现交叉下料运行。经过三个月的运行数据比对，平均运行电压降低了 19mV，效应系数降低

0.02，达到了预期效果，电解槽运行电阻曲线、氧化铝浓度曲线均匀化呈正弦波浪走势，对提高电流效率有很大帮助。随后，公司将此项技术在内部全面推广。预计全部改造完毕后平均电压将下降 3mV，吨铝可节电 10kW·h。

资料来源：中国有色金属工业协会。

（2）加强合同能源管理。

有色金属行业是节能减排潜力较大的行业之一，企业在开展节电工作时，通常会受到人员、技术、设备、资金等多方面的限制，影响节电的实际效果，甚至导致节能减排目标无法落实。合同能源管理则是由节能服务公司向用能单位提供节能服务，用能单位以节能效益支付节能服务公司的投入及其合理利润的节能服务机制，双方通过契约形式约定节能目标。因节能公司具备技术、人员等优势，有利于用电精细化管理，可以显著降低由于产业链各环节脱节造成的损耗，提高节能效率。

铜冠能源公司助推企业技术升级节能降耗

铜冠能源公司通过对集团公司企业进行用能状况诊断、节能项目方案设计，对企业的电机、水泵、矿山通风与压风、冶炼和化工工艺等系统设备进行节能改造和运行管理服务。

安庆铜矿西风井通过通风机变频技术的使用，根据井下工况适时调整通风机转速，节电效果明显。同步实现了电动机的软启动，减小了启动电流，避免了对电网和电动机的冲击，延长了电动机、风机及相关配件的使用寿命，保障了通风机的安全可靠运行，年节约电量约 83 万 kW·h，提高了企业的经济效益，年节约电费支出约 57 万元；在对安庆铜矿井下负 510m 节能通风机改造中，铜冠能源公司采用新型 DK-12-NO29 矿用对旋变频节能通风机替代老式井下 14 台局部通风机进行节能改造。项目改造完成后，通过采用对旋风机和改变通风方式及变频技术，运行能耗大幅度降低，年节电量约 181 万 kW•h，节约电费支出约 120 万元。

在安庆铜矿、冬瓜山铜矿，铜冠能源公司采用高效节能单螺杆空压机替代活塞式空压机，供风压力满足井下生产需求，维护工作量减少，成本大大降低，年节约电量约 684 万 kW•h，节约电费支出约 465 万元；在金泰化工公司，对化工系统进行节能优化，成功实现年节约蒸汽 4500t，增加回收丙二醇 640t，折合标准煤 2776t；在天马山矿业公司，对选矿系统节能优化改造，年节约电量约 345 万 kW•h，节约电费支出约 235 万元；在铜冠矿建公司，对凿井提升机变频调速改造，项目完成后年节约电量预计 480 万 kW•h，节省电费约 330 余万元。

资料来源：中国有色金属工业协会。

(3) 创新行业发展新模式。

建设有色金属上下游合作机制，解决制约产品应用、设计规范、标准和技术等问题，形成产需衔接、协同发展的新模式，支持有条件企业构建"铝‐电‐网"产业链，提高产业竞争力。国家能源局在 2016 年能源工作指导意见中明确指出，"鼓励煤电化、煤电铝一体化发展""促进能源与高耗能产业协调发展"。

2.2.3 建材工业

2016 年，我国建材工业年用电量为 3188 亿 kW•h，同比增长 2.6%，占全社会用电量比重 5.3%，较 2015 年下降 0.2 个百分点，占工业行业用电量比重 7.6%，与 2015 年持平。在建材工业的各类产品中，水泥制造业用电量比重最高，占建材工业用电量的44.8%，是整个行业节能节电的重点。

2016年，水泥生产用电1428亿kW·h，同比下降2.6%。水泥行业综合电耗约为85.5kW·h/t，比2015年降低0.5kW·h/t。2016年相比2015年，由于水泥生产综合电耗的变化，水泥生产年实现节电12.0亿kW·h。2010—2016年水泥行业共节电约82.8亿kW·h。

主要节电措施如下：

（1）玻璃熔窑余热发电技术。技术原理：在熔窑排废烟道上安装换热器，添加低温发电设备，将玻璃熔窑排放的余热转换成电能。应用的主要技术指标为熔窑废气温度500℃以上，500t/d浮法窑并且达到1000kW发电能力。

典型案例1

德州晶华集团振华有限公司拟与秦皇岛玻璃设计院等技术单位合作，利用现有一线、二线两条浮法玻璃生产线的外排废气余热建设一座装机容量为7.5MW的纯低温余热电站。年发电量7020万kW·h，平均供电成本0.163元/(kW·h)，可节约用电成本2786.94万元，3年即可收回成本。

典型案例2

中国洛阳浮法玻璃集团有限公司，拟利用浮法玻璃生产线的外排废气余热建设一座装机容量为3MW的低温余热电站。年发电量2340×10⁴kW·h，年供电量2031×10⁴kW·h，供电成本0.125元/(kW·h)，电价按0.5元/(kW·h)与玻璃厂结算，达产后年销售收入为1016万元，年利润761万元，投资回收期3.2年。

（2）辊压机粉磨系统。技术原理：采用高压挤压料层粉碎原理，配以适当的打散分级烘干装置。通过专用磨辊堆焊及修复技术，液压、润滑、喂料、传动、自动控制技术，以及与之相配套的打散分级烘干、球磨机改造等，主要的工艺流程为辊压机联合粉磨→半终粉磨→终粉磨。节电成效：原料粉磨环节采用辊压机终粉磨系统电耗13kW·h/t，单位产品节电量10kW·h/t。水泥粉磨环节采用辊压机半终粉磨系统电耗30kW·h/t，单位产品节电量12kW·h/t。

典型案例1：中材水泥2500t/d新型干法水泥生产线原料磨系统改造

项目节能技改投资额约3000万元，停产对接时间15天。同比采用球磨机，节电40%以上（约10kW·h/t生料）；同比采用球磨机，吨生料粉磨电耗降低10kW·h/t计算，年节电1400万kW·h，年节电效益约为700多万元［按0.5元/（kW·h）计算］，投资回收期4.0年。

典型案例2：中材水泥2500t/d新型干法水泥生产线水泥磨系统改造

节能技术改造投资额约3000万元，建设期120天。比原采用球磨机节电30%以上（约12kW·h/t水泥）；同比采用球磨机，以年产130万t水泥，吨水泥粉磨电耗降低12kW·h计算，年节电效益约为780万元［按0.5元/（kW·h）计算］，投资回收期4.0年。

（3）其他节电措施。①利用窑尾预热器系统和窑头箅冷机排出的高温废气对电石渣、生料和煤实施烘干，每年可节省大量的烘干用煤，并转化为部分电能。②生料均化采用IBAU库，由于这种库大部分均化靠重力混合，只有卸料用气耗电，因而电耗较低，仅为

$0.36kW•h/t$，较其他形式的均化库电耗低。③窑尾选用了新型单列预热预分解系统，热效率高，系统阻力小，节省烧成煤耗和高温风机电耗。

2.2.4 石化和化学工业

2016 年，石油加工、炼焦及核燃料加工业用电量为 784.6 亿 kW•h，比 2015 年增长 7.2%；化学原料及化学制品业用电量为 4 366.7 亿 kW•h，比 2015 年增长 0.2%，而化学原料及化学制品业的电力消费主要集中在电石、烧碱、黄磷和化肥四类产品的生产上，占行业 52.4%，较 2015 年下降 3.8 个百分点。

2016 年，合成氨、电石、烧碱单位产品综合电耗分别为 983、3224、2028kW•h/t，比 2015 年分别变化约 −0.6%、−2.4%、−9.0%，三种化工产品的综合电耗均有下降。与 2015 年单位单耗相比，2016 年合成氨、电石和烧碱生产实现的节电量分别为 3.4 亿、25.3 亿、51.8 亿 kW•h。主要化工产品单位综合电耗变化情况，见表 2-2-2。

表 2-2-2　　主要化工产品单位综合电耗变化情况

产品	单位综合电耗（kW•h/t）					2016 年节电量（亿 kW•h）
	2012 年	2013 年	2014 年	2015 年	2016 年	
合成氨	1010	995	992	989	983	3.4
电石	3360	3423	3295	3277	3224	25.3
烧碱	2359	2326	2272	2228	2028	51.8

化工产品分地区能耗情况见表 2-2-3，表中排序根据已有产品产量和分产品用电量数据得到。在国家电网经营区，天津作为我国重要化工业港口城市，在烧碱和化肥两种产品上平均每吨耗电量最低，分别为 1.3、96.2kW•h/t；北京、西藏没有烧碱和化肥的生产活动；在烧碱产品上有电效优势、排在前五名的省份还有陕西、山东、宁夏和

江苏，排名后三位的是新疆、青海和贵州；在化肥产品上有电效优势、排在前五名的省份还有内蒙古、青海、四川和广东，排名后三位的是吉林、甘肃和浙江。在上述两种产品的用电效率上，优势省份基本稳定。

表 2 - 2 - 3　　2016 年分地区烧碱和化肥的平均电耗

排序	烧碱		化肥	
	省份	平均电耗（kW·h/t）	省份	平均电耗（kW·h/t）
1	天　津	1.3	天　津	96.2
2	陕　西	251.6	内蒙古	192.6
3	山　东	287.8	青　海	202.2
4	宁　夏	332.3	四　川	367.5
5	江　苏	829.2	广　东	380.5
6	云　南	845.8	上　海	480.0
7	内蒙古	1 008.0	重　庆	488.5
8	甘　肃	1 298.1	黑龙江	559.0
9	安　徽	1 772.5	海　南	593.8
10	四　川	2 059.6	湖　北	726.3
11	河　北	2 087.9	江　西	784.8
12	山　西	2 159.9	贵　州	806.2
13	广　东	2 345.7	湖　南	1 040.6
14	福　建	2 433.2	辽　宁	1 059.1
15	浙　江	2 499.0	陕　西	1 126.6
16	上　海	2 499.9	新　疆	1 348.0
17	辽　宁	2 530.1	宁　夏	1 820.8
18	湖　北	2 537.1	云　南	1 835.9
19	河　南	2 624.8	广　西	1 858.0
20	吉　林	2 706.3	安　徽	1 940.0
21	广　西	2 707.8	山　东	2 015.7

续表

排序	烧碱		化肥	
	省份	平均电耗（kW·h/t）	省份	平均电耗（kW·h/t）
22	黑龙江	3 182.5	山　西	2 085.3
23	江　西	3 535.8	河　南	2 096.1
24	湖　南	3 668.5	河　北	2 120.8
25	重　庆	3 807.5	福　建	2 142.3
26	新　疆	5 109.4	江　苏	2 399.5
27	青　海	6 059.8	吉　林	2 722.8
28	贵　州	12 256.4	甘　肃	2 769.6
29	北　京	—	浙　江	3 148.2
30	海　南	—	北　京	—
31	西　藏	—	西　藏	—

注　1. 由于北京和西藏数据缺失，或者不再生产该类产品，不在表格中体现。

　　2. 由于与烧碱直接对应的是氯碱用电数据，这里近似代替烧碱用电，因此，计算的烧碱平均电耗与实际值有偏差，这里只是方便比较。

石油和化学工业主要的节电措施包括：

（一）合成氨

(1) 合成氨节能改造综合技术。该技术采用国内先进成熟、适用的工艺技术与装备改造的装置，吹风气余热回收副产蒸汽及供热锅炉产蒸汽，先发电后供生产用汽，实现能量梯级利用。关键技术有余热发电、降低氨合成压力、净化生产工艺、低位能余热吸收制冷、变压吸附脱碳、涡轮机组回收动力、提高变换压力、机泵变频调速等。该技术可实现节电 200～400kW·h/t，全国如半数企业实施本项工程可节电 80 亿 kW·h/年。

(2) 日产千吨级新型氨合成技术。该技术设计采取并联分流进塔形式，阻力低，其实温度低，热点温度高，且选择了适宜的平衡温距,有利于提高氨净值,目前已实现装备国产化,单塔能力达到日产氨 1100t,吨氨节电 249.9kW,年节能总效益 6 374.4 万元。目前,我国该技术已经处于世界领先地位。

(3) 高效复合型蒸发式冷却技术。 冷却设备是广泛应用于工业领域的重要基础设备,也是工业耗能较高的设备。高效复合型冷却器技术具有节能降耗、环保的特点,与空冷相比,节电率 30%～60%,综合节能率 60%以上。

(4) 合成氨装置锅炉改造。 指的是 104 - J 汽改电项目,目前工业用电的平均电价为 0.128 元/(kW·h),按电动机平均负荷系数 0.19 计算,其年均运行费为 28 212 万元,所以,在锅炉给水泵 104 - J 汽改电项目实施后,可年均降低生产运行成本 140 万元。

(5) 双层甲醇合成成塔内件。 新型的内件阻力小、电耗低、催化剂利用系数高,产能大幅增加,且选择了适宜的平衡温距催化剂还具有自卸功能,使操作更加方便。这种技术适用于中小氮肥企业和甲醇生产企业技术改造和新上项目,也适用于将低产能的合成氨塔改造成甲醇合成塔。

(6) 节能型环保循环流化床锅炉。 该设备可燃烧煤矸石、洗中煤、垃圾等劣质燃料,节省煤耗 6%以上,节电 30%以上,年运行时间 7500h 以上。

（二）电石

电石行业节电主要以下几个方面开展: 采用机械化自动上料和配料密闭系统技术,发展大中型密闭式电石炉;大中型电石炉应采用节能型变压器、节约电能的系统设计和机械化出炉设备;推广密闭电石炉气直接燃烧法锅炉系统和半密闭炉烟气废热锅炉技术,有效利用电石炉尾气。

(1) 淘汰落后产能,产能首次出现零增长。 据电石工业协会统计，我国国内电石生产企业 220 家，产能达到 4500 万 t/年，与 2010 年相比产能几乎翻一番，但相对于 2015 年，产能首次出现零增长。行业继续积极推进淘汰落后产能工作。2016 年，累计淘汰或转产电石企业 35 家，合计 80 台电石炉 252 万 t。2011－2016 年累计淘汰或转产 862.9 万 t，合计电石炉 327 台，涉及 183 家企业。

(2) 加快密闭式电石炉和炉气的综合利用。密闭炉烟气主要成分是一氧化碳，占烟气总量的 80% 左右，利用价值很高。采用内燃炉，炉内会混进大量的空气，一氧化碳在炉内完全燃烧形成大量废气无法利用，同时内燃炉排放的烟气中 CO_2 含量比密闭炉要大得多，每生产 1t 电石要排放约 $9000m^3$ 的烟气，而密闭炉生产 1t 电石烟气排放量仅约为 $400m^3$（约 170kgce），吨电石电炉电耗可节约 250kW•h，节电率 7.2%。截至 2015 年底，密闭式电石炉产能达到 3552 万 t/年，占比提升至 79%。

(3) 高温烟气干法净化技术。该技术既可以避免湿法净化法造成的二次水污染，也能够避免传统干法净化法对高温炉气净化的过程中损失大量热量，最大程度保留余热，为进一步循环利用提供了稳定的气源，提高了预热利用效率，属于国内领先技术。经测算，一台 33 000kV•A 密闭电石炉及其炉气除尘系统每年实现减排粉尘 450 万 t，减排 CO_2 气体 3.72 万 t，节电 2175 万 kW•h，折合煤 1.9 万 t，直接增收 2036 万元。

（三）烧碱

(1) 大力推广离子膜生产技术。离子膜电解制碱具有节能、产品质量高、无汞和石棉污染的优点。我国将不再建设年产 1 万 t 以下规模的烧碱装置，新建和扩建工程应采用离子膜法工艺。如果我国将 100 万 t 隔膜法制碱改造成离子交换膜法制碱，综合能耗可节约 412 万 tce。除此外，离子膜法工艺具有产品质量高、占地面积小、自动化程度高、清洁环保等优势，成为新扩产的烧碱项目的首选工艺方法。2016 年，离子膜法烧碱产量占比已经升至 88％以上。

（2）新型高效膜极距离子膜电解技术。将离子膜电解槽的阴极组件设计为弹性结构，使离子膜在电槽运行中稳定地贴在阳极上形成膜极距，降低溶液欧姆电压降，实现节能降耗，目前，采用该技术产能合计 1215 万 t/年，每年节电 15.8 亿 kW·h。

（3）滑片式高压氯气压缩机。采用滑片式高压氯气压缩机耗电 85kW·h，与传统的液化工艺相比，全行业每年可节约用电23 750 万 kW·h，同时还可以减少大量的"三废"排放。

（4）新型变换气制碱技术。该技术依据低温循环制碱理论，将合成氨系统脱碳与联碱制碱两道工序合二为一，改传统的三塔一组制碱为单塔制碱，改内换热为外换热，省去合成氨系统脱碳工序的投资，提高了重碱结晶质量，延长了制碱塔作业周期，实现了联碱系统废液零排放，降低阻力，节约能源，在单位综合能耗上处于领先水平。该技术是"十二五"期间推广的重要技术之一。

2.3　电力工业节电

电力工业自用电量主要包括发电侧的发电机组厂用电以及电网侧的电量输送损耗两部分。2016 年，电力工业发电侧和电网侧用电量合计为 7744 亿 kW·h，占全社会总用电量的 13.0％。其中，厂用电量 4049 亿 kW·h，占全社会总用电量的 6.8％，与 2015 年持平；线损电量 3063 亿 kW·h，占全社会总用电量的 5.1％，低于 2015 年 0.1个百分点。

发电侧：2016 年，全国 6000kW 及以上电厂综合厂用电率为4.77％，比 2015 年下降 0.32 个百分点。其中，水电厂厂用电率0.29％，低于 2015 年 0.03 个百分点；火电厂厂用电率 6.01％，低于

2015 年 0.03 个百分点。2016 年 6000kW 及以上电厂用电率整体下降。

电网侧：2016 年全国线损率为 6.49%，较 2015 年低 0.15 个百分点，线损电量 3063 亿 kW·h。

综合发电侧与电网侧，2016 年电力工业生产领域实现节电量 306 亿 kW·h。

电力工业的节电措施主要有：

(1) 采用节能型无功补偿装置，实现无功分散和就地补偿。无功补偿就是借助于无功补偿设备提供必要的无功功率，以提高系统的功率因数，降低能耗。为改善电网电压质量，电力部门对各用电企业的总降压变电站功率因数有总体要求。现在新型的节能型无功补偿装置已开始应用，如 SVC 型无功补偿装置，它可根据实际需要自动投入等量或不等量电容，实现三相对称或不对称补偿功能，另外它带有 RC 吸收回路，能滤除高次谐波。

(2) 挖掘输配电节电潜力。特高压输电、智能电网、提高配电网功率因数等，是输配电系统节能降耗主要措施。截至 2016 年底，国家电网共计投产 7 个重点输电通道，其中 1000kV 交流特高压输电通道 3 条，约 2095km；±500kV 直流输电通道 2 条，约 1671km；±800kV 特高压直流输电通道 1 条，约 1720km，直流背靠背工程 1 项。2016 年，全国跨省、跨区交换电量合计约 1.19 万亿 kW·h，相比 2015 年增长 7.1%。水电、风电、光伏等可再生能源跨省、跨区消纳电量合计 4112 亿 kW·h，占全部电量交换的 34.6%。

智能电网建设中的灵活交流输电技术，也是输电网节能降损的关键技术之一。国家电网公司在世界上率先提出智能变电站理念及设计方案，截至 2016 年底，国家电网公司共建设约 5000 座智能变电站，已投运以"一体化设备、一体化网络、一体化系统"为特点的新一代智能变电站 40 座。

(3) 选择合适的配电变压器类型。据估算，变压器的损耗可占电网总损耗的 40% 以上，约占发电量的 3% 左右。非晶合金制作铁芯而成的变压器，比硅钢片作铁芯变压器的空载损耗下降 80% 左右，空载电流下降约 85%，是目前节能效果较理想的配电变压器，特别适用于农村电网和变压器负载率较低的地方使用。因为配网变压器数量多，大多数又长期处于运行状态，所以这些变压器的效率提高的节电效果非常明显。基于现有的实用技术，高效节能变压器的损耗至少可以节省 15%。按照《配电变压器能效提升计划（2015－2017 年)》的目标，到 2017 年底，初步完成高耗能配电变压器的升级改造，高效配电变压器在网运行比例提高 14%。建成较为完善的配套体系和规范的市场秩序，当年新增量中高效配电变压器占比达到 70%。预计到 2017 年，累计推广高效配电变压器 6 亿 kV·A，实现年节电 94 亿 kW·h，相当于节约标准煤 310 万 t，减排二氧化碳 810 万 t。

(4) 加大配电网建设和改造。2016 年，全国主要电网公司配电网建设投资约 2558 亿元。国家电网配电网建设改造投资超过 3000 亿元。同时，还将优化配电网规划，完善配电网结构，加快 30 个重点城市核心区配电网建设改造。大力推进实用型配电自动化建设，加强配电网线路综合治理。实施农网改造升级，加大重过载配电变压器、老旧线路改造和更换力度。截至 2016 年底，全国配电网（包含农村配电网）变（配）电容量为 31.5 亿 kV·A，相比 2015 年提高 8.7%，其中高电压配电网 18.8 亿 kV·A，相比 2015 年增长 7%，中压配电网配变容量 12.7 亿 kV·A，相比 2015 年增长 11.4%。

(5) 加强线损管理，降低管理线损。除技术措施降低线损外，加强组织和管理也是降损的重要措施。2016 年，电网企业通过健全线损管理体系、加强线路理论分析和计算等措施降低线损。理论线损是线损管理的最基础资料，是分析线损构成、制定技术降损措施的依据，也是衡量线损管理好坏的尺度。针对分析出的线损管理漏洞采取相应措施。在理论线损计算、在线测量、电网布局、改进计划制订等诸多方面进行积极改进，做到切实、准确、高效。

2.4 节电效果

根据制造业主要行业以及电力工业主要产品电耗以及产量情况，经测算，2016 年钢、电解铝、水泥、平板玻璃、合成氨、烧碱、电石、纸和纸板等 8 类重点高耗能产品生产用电量合计约 13 285 亿 kW•h，再加上发电厂厂用电以及输电损耗 6164 亿 kW•h，合计占工业用电量的 46.4%。2016 年我国主要高耗能产品电耗及生产用电见表 2-2-4。

表 2-2-4　　2016 年我国主要高耗能产品电耗及生产用电量

产品	单位产品电耗		产量		终端用电量（亿 kW•h）
	单位	数值	单位	数值	
钢	kW•h/t	467	亿 t	8.08	4882
电解铝	kW•h/t	13 599	万 t	3187	4247
水泥	kW•h/t	86	亿 t	24.0	1428
平板玻璃	kW•h/重量箱	6.2	亿重量箱	7.7	47.8
合成氨	kW•h/t	983	万 t	5708	561.1
烧碱	kW•h/t	2028	万 t	3202	649.4
电石	kW•h/t	3224	万 t	2588	834.4
纸和纸板	kW•h/t	516	万 t	12 319	635.8
合计					12 779

注　烧碱电耗为离子膜和隔膜法加权平均数。

数据来源：国家统计局；国家发展改革委；工业和信息化部；中国煤炭工业协会；中国电力企业联合会；中国钢铁工业协会；中国有色金属工业协会；中国建材工业协会；中国化工节能技术协会。

相比 2015 年，2016 年上述高耗能产品中，除电解铝、纸和纸板外，钢、水泥、合成氨、烧碱、电石等产品单位电耗降低。根据电耗与产量测算，8 类产品合计节电 119.8 亿 kW·h。此外，综合发电侧与电网侧，2016 年电力工业生产领域节电量 306 亿 kW·h。进而按照用电比例倒算，相比 2015 年，2016 年工业部门节电量约为 564 亿 kW·h。我国重点高耗能产品电耗及节电量，见表 2-2-5。

表 2-2-5　　我国重点高耗能产品电耗及节电量

类别	产品电耗						2016 年比 2015 节电量（亿 kW·h）
	单位	2010 年	2012 年	2015 年	2015 年	2016 年	
钢	kW·h/t	448	474.8	469	473	467	48.5
电解铝	kW·h/t	13 979	13 844	13 596	13 562	13 599	－11.8
水泥	kW·h/t	89.0	88.4	86.4	86.0	85.5	12.0
平板玻璃	kW·h/重量箱	7.1	6.6	6.0	6.5	6.2	2.3
合成氨	kW·h/t	1116	1010	992	989	983	3.4
烧碱	kW·h/t	2203	2359	2272	2228	2028	64.0
电石	kW·h/t	3340	3360	3295	3277	3224	13.7
纸和纸板	kW·h/t	545	511	489	506	516	－12.5
合计							119.8

数据来源：国家统计局；国家发展改革委；工业和信息化部；中国煤炭工业协会；中国电力企业联合会；中国钢铁工业协会；中国有色金属工业协会；中国建材工业协会；中国化工节能技术协会；中国造纸协会；中国化纤协会。

3

建 筑 节 电

本 章 要 点

(1) 建筑领域用电量占全社会用电量比重略有上升。2016年，全国建筑领域用电量为 14 950 亿 kW·h，比上年增长 9.84%，占全社会用电量的比重为 25.02%，比重上升 1.35 个百分点。

(2) 2016 年建筑领域实现节电量 2182 亿 kW·h。2016 年，建筑领域通过对新建建筑实施节能设计标准，对既有建筑实施节能改造，推广绿色节能照明、高效家电，以及大规模应用可再生能源等节电措施，实现节电量 2182 亿 kW·h。其中，新建节能建筑和既有建筑节能改造实现节电量 292 亿 kW·h，推广高效照明设备实现节电量 1400 亿 kW·h，推广高效家电实现节电量 490 亿 kW·h。

3.1　综述

伴随我国城镇化保持高速增长，五年农村人口保持着年均 2000 万人的数量向城镇聚集。这推动着建筑相关领域一直保持着较强的增长势头，城镇化进程、化解过剩产能以及经济结构的调整使得建筑电耗呈现阶段性波动，增速放缓，但是总量庞大的新增建筑规模必然驱动着建筑运维使用过程中的用电增长。

2016 年，全国建筑领域用电量为 14 950 亿 kW•h，比 2015 年增长 9.84%，占全社会用电量的比重为 25.02%，比重上升 1.35 个百分点。我国建筑部门终端用电量情况，见表 2-3-1。

表 2-3-1　　　　　　我国建筑部门终端用电量　　　　　亿 kW•h

类别	2010 年	2011 年	2012 年	2013 年	2014 年	2015 年	2016 年
全社会用电量	41 923	46 928	49 657	53 423	56 393	56 933	59 474
其中：建筑用电	9622	10 727	11 909	12 772	12 680	13 479	14 950
其中：民用	5125	5646	6219	6793	6936	7285	8071
商业	4497	5082	5690	6670	5744	6194	6879

数据来源：中国电力企业联合会；国家统计局。

3.2　主要节电措施

（1）实施新建节能建筑和既有建筑节能改造。

2016 年，新建建筑执行节能设计标准形成节能能力 1512 万 tce，既有建筑节能改造形成节能能力 132 万 tce。根据相关材料显示建筑能耗中电力比重约为 55%，由此可推算，2016 年新建节能建筑和既有建筑节能改造形成的节电量约为 292 亿 kW•h。

（2）推广绿色照明。

现代建筑中照明系统对于能源的消耗已经达到 15%～35%。因此提高照明效率对于节约电力意义深远。一方面要淘汰和限制使用低效光源，逐步淘汰白炽灯对于推动实现建筑节能减排目标具有重要意义。2011 年 11 月 14 日，国家发展改革委等五部委发布"中国逐步淘汰白炽灯路线图"。根据路线图，我国白炽灯实施淘汰的最后时点为 2016 年 9 月 30 日。另一方面要加大推广高效光源。近年来我国绿色照明推广取得了巨大成果。白炽灯已逐步淡出国内市场，LED 普及速度加快，传统光源如荧光灯、白炽灯等电光源产量顺势下滑。高效照明灯具的市场渗透率逐年提升，如 LED 照明产品国内市场渗透率达到 42%，比 2015 年上升 10 个百分点。智能照明是近两年来产业关注的热点。智能照明通过红外控、雷达控、声控、程序控等技术实现灯光的明暗调整、开关灯或功率调整，达到节能目的。伴随生活水平提高，智能照明的应用将会愈加普遍。

2016 年中国照明电器行业的生产呈现低速增长，同时受全球经济发展放缓的影响，全国照明行业出口下降。除去出口和用于替换旧有灯具的部分，考虑到照明节能能效技术进步，以及渗透规模加速，在 2015 年实现节电 1000 亿 kW·h 测算基础上，推算 2016 年推广绿色照明可实现年节电能约 1400 亿 kW·h。

（3）高效智能家电逐渐普及。

伴随人民群众生活水平提高，大量用能设备进入家庭。经过多年发展，中国在家电领域节能方面取得了较大进步。家电行业市场不仅呈现快速增长态势，而且呈现智能化发展趋势。智能设备的数量，预测将会从 2014 年的不到 100 万台，增长到 2020 年的 2.23 亿台。目前市场上能够连接网络的智能家电增长速度高达 100%～300%，未来四年智能的白电将占据近 50% 的市场。

据统计，2016 年我国彩色电视机产量 17 483 万台，同比增长 7.8%，增幅上升 0.7 个百分点，累计销售 17 297 万台；2016 年国内生产家用空调 11 235 万台，同比增长 8.4%，国内销售 6049 万台，同比下降 3.5%，出口量为 4793 万台，同比增长 9.74%；洗衣机 2016 年产量为 5886 万台，同比增长 4.4%，出口 1836 万台，同比增长 7.4%，国内销量为 4115 万台，同比增长 5.4%；电冰箱产量 7460 万台，同比增长 1.9%，冰箱内销 4731 万台，同比下降 3.3%，冰箱出口 2687 万台，同比增长 11.8%，累计销售 7418 万台，同比增长 1.6%。

我国是家电生产和消费大国，据统计，家电年耗电量占全社会居民用电总量的 80%。据此可知，2016 年我国家电耗电约为超过 6457 亿 kW·h，二元经济和区域发展不平衡是我国长期以来的社会经济发展特征，城乡居民、各区域居民之间收入水平、生活条件、基础设施建设等方面存在较大差异，进而表现出不同的生活能源消费水平。我国目前还在城镇化进程中，因此节能家电的消费潜力将进一步释放。根据"节能产品惠民工程"以往的数据推算 2016 年，我国主要节能家用电器销量约为 1.9 亿台计算，每年可节电约 490 亿 kW·h。

（4）大规模应用可再生能源。

可再生能源是调整能源结构、实现清洁替代的重要方式，可再生能源建筑应用对于促进建筑节能、改善城市环境具有重要意义。2016 年国家能源局发布的《**可再生能源发展"十三五"规划**》提出：推进建筑领域可再生能源供热，扩大太阳能热利用在城乡的普及应用，积极推进太阳能供暖、制冷技术发展，实现太阳能热水、采暖、制冷系统的规模化利用，促进太阳能与其他能源的互补应用。继续在城镇民用建筑以及广大农村地区普及太阳能热水系统，到 2020 年，太阳能热水系统累计安装面积达到 4.5 亿 m^2。加快太阳能供暖、制冷系统在建筑领域的应用，扩大太阳能热利用技术在工农业生产领域的应用规模。到 2020 年，太阳能热利用集热面积达到 8 亿 m^2。

　　建筑领域是资源和能源消耗大户，工业、建筑和交通耗能占比超过总能耗的 90%。整个建筑业能耗包括建筑运行能耗、生产能耗和建材生产等相关能耗的总和远远超过总能耗的 50% 以上。可再生能源的广泛应用为建筑节能减排提供了另外的有效手段，主要体现在为建筑增加自用能源的生产能力，在一定范围内自产自用，尽量减少化石能源的使用，降低排放。

　　2016 年，全国城镇太阳能建筑用集热面积 4.76 亿 m^2，浅层地能应用建筑 4.78 亿 m^2，太阳能光电装机容量达到 29 420MW。

3.3　节电效果

　　现代建筑节能节电技术日益进步发展，然而在实际应用中由于情况复杂，影响节能的因素众多，涉及的技术种类庞杂、用电设备类型广泛、地区特点差异较大，因此全面对建筑节电进行统计相对困难。考虑到家用电器、照明设备等用电装置在建筑用电量中比重较高，在总结建筑节电效果时，主要考虑这些设备的高能效产品的推广情况以及可再生能源在建筑领域的应用情况。

　　2016 年，新建节能建筑和既有建筑节能改造实现节电量 292 亿 $kW \cdot h$，推广应用高效照明设备实现节电量 1400 亿 $kW \cdot h$，推广高效家电实现节电量 490 亿 $kW \cdot h$。经汇总测算，2016 年建筑领域主要节能手段约实现节电量 2182 亿 $kW \cdot h$。我国建筑领域节电情况，见表 2-3-2。

表 2-3-2　　　　我国建筑领域节电情况统计　　　　　　亿 $kW \cdot h$

类别	2010 年	2011 年	2012 年	2013 年	2014 年	2015 年	2016 年
新建节能建筑和既有建筑节能改造	—	257	222	276	223	331	292

续表

类别	2010 年	2011 年	2012 年	2013 年	2014 年	2015 年	2016 年
高效照明设备	230	462	192	471	460	1000	1400
高效家电	560	337	384	550	554	551	490
总计	800.2	1056	799	1297	1237	1882	2182

注 建筑节电量统计不包括建筑领域可再生能利用量。

数据来源:《2015 中国节能节电分析报告》《2016 中国节能节电分析报告》
《2016 年建筑节能与绿色建筑工作进展专项检查情况的通报》。

4

交通运输节电

本 章 要 点

(1) 电气化铁路是我国交通运输行业节电主要领域。截至 2016 年底，我国电气化铁路营业里程达到 8.0 万 km，比 2015 年增长 7.5%，电气化率 64.8%，比 2015 年提高 4.0 个百分点。2016 年，全国电气化铁路用电量为 547 亿 kW·h，比 2015 年增长 8.1%，占交通运输业用电总量的 53% 左右。

(2) 交通运输业节电措施主要集中在技术改进及管理水平提升方面。主要节电措施包括优化牵引动力结构、提高机车牵引吨位、加强运营管理、引入新能源发电、加强基础设施及运营领域节电等。

(3) 2016 年，电力机车综合电耗为 101.1kW·h/(万 t·km)，比 2015 年下降了 0.1kW·h/(万 t·km)。根据电气化铁路换算周转量 (23 568 亿 t·km) 计算，2016 年，我国电气化铁路实现节电量至少为 0.24 亿 kW·h。

4.1 综述

在交通运输领域的公路、铁路、水路、航空等 4 种运输方式中，电气化铁路用电量最大。

近年来，随着电气化铁路快速发展，用电量也逐年上升。截至 2016 年底，我国电气化铁路营业里程达到 8.0 万 km，比上年增长 7.5%，电气化率 64.8%，比上年提高 4.0 个百分点❶。其中，我国高速铁路发展迅速，截至 2016 年底，我国高铁营业里程达 2.3 万 km，居世界第一位。全国电力机车拥有量为 1.25 万台，占全国铁路机车拥有量的 58.1%。

2016 年，我国电气化铁路用电量约 547 亿 kW·h，比上年增长 8.1%，占交通运输用电总量的 53%。

4.2 节电措施

交通运输系统中，电气化铁路是主要的节电领域。优化牵引动力结构、提高机车牵引吨位、加强运营管理、引入新能源发电、加强基础设施及运营领域节能等是实现电气化铁路节电的有效途径。

（1）优化牵引动力结构。

铁路列车牵引能耗占整个铁路运输行业的 90% 左右。根据相关测算结果❷，内燃机车牵引铁路与电力牵引铁路的能耗系数分别为 2.86 和 1.93，电力机车的效率比内燃机车高 54%。截至 2016 年底，全国铁路机车拥有量为 2.1 万台，比上年减少 87 台，其中内燃机车占 1.84%，电力机车占 58.1%，电力机车比重较 2015 年再次上升。

---

❶ 中国铁路总公司，《2015 年铁道统计公报》。
❷ 高速铁路的节能减排效应，中国能源报第 24 版，2012 年 5 月 14 日。

高铁永磁牵引技术

2015 年 5 月，中国中车旗下株洲电力机车研究所有限公司攻克了第三代轨道交通牵引技术，即 690kW 永磁同步电机牵引系统，掌握完全自主知识产权，成为中国高铁制胜市场的一大战略利器。690kW 永磁同步电动机牵引系统，相比目前主流的异步电动机，功率提高 60%，电动机损耗降低 70%[1]。永磁系统节能效果显著，以在中央空调领域的应用为例，基于永磁变频传动系统的中央空调可实现节能 40%。一台 240kW 的中央空调，若每年运行 4 个月，一年至少可节约用电 11.52 万 kW·h。按全国 40 000 台中央空调测算，则一年即可节约用电 46 亿 kW·h，少排放 46 万 t 二氧化碳。

（2）提高机车牵引吨位。

积极开展电力牵引技术创新，提高机车牵引吨位。近年来，我国加强电力牵引技术研发，提高机车牵引吨位，努力降低机车单位电能消耗。其中，我国南车集团株洲电机有限公司自主研制的高性能牵引电动机将大功率机车牵引电动机、变压器研制平台上积累的技术，成功融入动车牵引系统，使单台电动机最大功率达到 1000kW（列车牵引总功率 2.28 万 kW）。新研发的高速动车组牵引系统，与之前 CRH380A 高速动车组相比，稳定功率提升 1 倍、功率密度提升 60% 以上。

（3）加强运营管理。

改进电气化铁路线路质量。铁路线路条件是影响电力机车牵引用

---

[1] 世界最先进：中国研发出高铁永磁牵引技术，中国经济周刊，2015 年 6 月 24 日。

电的重要因素之一，做好铁路运营线路的合理设计、建设、维护，将有助于提高机车运行效率，减少用电损失。根据《中长期铁路网调整规划方案》，至 2020 年，我国铁路电气化率预计达到 60％以上，在高覆盖率下，铁路线路质量的管理维护对提高机车用电效率的影响将更为明显。

（4）引入新能源发电。

在交通领域引入新能源发电。利用光伏发电原理制成太阳能电池，将太阳能技术引入公交车候车亭的试点建设。以广州市为例，目前已经在天河区、海珠区、白云区等地共 16 座候车亭进行了太阳能技术的应用，每座太阳能候车亭预计可年节省电能 1635kW•h，16 座太阳能候车亭年节省用电量共 2.6 万 kW•h，节电效果显著。

（5）加强基础设施及运营领域节电。

加强交通运输用能场所的用电管理。如对车站、列车的照明、空调、热水、电梯等采取节能措施，并根据场所所需的照明时段采取分时、分区的自动照明控制技术；在站内服务区、站台等区域推广使用 LED 灯；在公路建设施工期间集中供电等，均能有效的实现节电。

4.3 节电效果

2016 年，电力机车综合电耗为 101.1kW•h/（万 t•km），比上年下降了 0.1kW•h/（万 t•km）。根据电气化铁路换算周转量（23 568 亿 t•km）计算，2016 年，我国电气化铁路实现节电量至少为 0.24 亿 kW•h。

5

全社会节电成效

本 章 要 点

(1) 全国单位 GDP 电耗同比下降，多年来看呈波动变化态势。 2016 年，全国单位 GDP 电耗 928kW·h/万元，比上年下降 1.6%，与 2010 年相比累计下降 8.7%。"十一五"以来，我国单位 GDP 电耗水平呈波动变化趋势。其中，2006、2007 年比上年分别上升 1.6% 和 0.5%，2008、2009 年分别下降 3.8% 和 2.7%，2010、2011 年分别上升 3.8% 和 2.3%，2012 年以来连续五年又呈现下降趋势。

(2) 多数地区单位 GDP 电耗同比下降。 2016 年，全国共有西藏、辽宁、陕西、浙江、安徽、北京等 6 个地区单位 GDP 电耗上升，其余地区均不同程度下降，这 6 个地区分别上升 10.3%、5.3%、3.2%、1.3%、0.7%、0.3%。下降幅度最大的 3 个地区为青海、甘肃和云南，分别下降 10.3%、9.9%、9.8%。

(3) 全社会节电效果较好。 2016 年与 2015 年相比，我国工业、建筑、交通运输部门合计实现节电量 2746 亿 kW·h。其中，工业部门节电量约为 564 亿 kW·h，建筑部门节电量 2182 亿 kW·h，交通运输部门节电量至少 0.24 亿 kW·h。节电量可减少 CO_2 排放 1.5 亿 t，减少二氧化硫排放 30.2 万 t，减少氮氧化物 30.2 万 t。

5.1 单位 GDP 电耗

（一）全国单位 GDP 电耗

全国单位 GDP 电耗同比持续下降。2016 年，全国单位 GDP 电耗 928kW·h/万元，比上年下降 1.6%，与 2010 年相比累计下降 8.7%。"十一五"以来，我国单位 GDP 电耗水平呈波动变化趋势。其中，2006、2007 年比上年分别上升 1.6% 和 0.5%，2008、2009 年分别下降 3.8% 和 2.7%，2010、2011 年分别上升 3.8% 和 2.3%，2012 年以来连续五年又呈现下降趋势。2006 年以来我国单位 GDP 电耗及其同比变化情况，如图 2-5-1 所示。

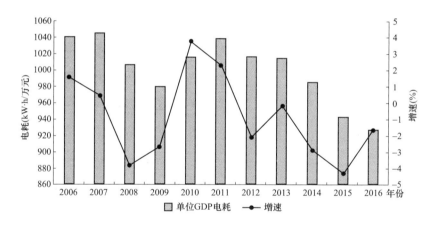

图 2-5-1 2006 年以来我国单位 GDP 电耗及其同比变化情况

（二）分地区单位 GDP 电耗

2016 年，全国共有西藏、辽宁、陕西、浙江、安徽、北京等 6 个地区单位 GDP 电耗上升，分别上升 10.3%、5.3%、3.2%、1.3%、0.7%、0.3%。其余地区均不同程度下降，下降幅度最大的 3 个地区为青海、甘肃和云南，分别下降 10.3%、9.9%、9.8%。2016 年各地区单位 GDP 电耗变动情况，见表 2-5-1。

表 2-5-1　　　　　2016 年各地区单位 GDP 电耗变动情况

地区	单位 GDP 电耗同比变化（%）	地区	单位 GDP 电耗同比变化（%）
北　京	0.3	湖　北	-2.1
天　津	-7.5	湖　南	-4.3
河　北	-3.7	广　东	-1.7
山　西	-1.0	广　西	-5.0
内蒙古	-4.4	海　南	-1.9
辽　宁	5.3	重　庆	-4.6
吉　林	-4.2	四　川	-2.2
黑龙江	-2.8	贵　州	-4.3
上　海	-1.1	云　南	-9.8
江　苏	-1.0	西　藏	10.3
浙　江	1.3	陕　西	3.2
安　徽	0.7	甘　肃	-9.9
福　建	-1.9	青　海	-10.3
江　西	-0.2	宁　夏	-6.6
山　东	-2.1	新　疆	-0.3
河　南	-4.0		

注　GDP 按照 2015 年价格计算。

数据来源：国家统计局，《2017 中国统计年鉴》；中国电力企业联合会，《中国电力统计资料汇编》。

5.2　节电量

2016 年与 2015 年相比，我国工业、建筑、交通运输部门合计实现节电量 2746 亿 kW·h。其中，工业部门节电量约为 564 亿 kW·h，建筑部门节电量 2182 亿 kW·h，交通运输部门节电量至少 0.24 亿 kW·h。节电量可减少 CO_2 排放 1.5 亿 t，减少二氧化硫排放 30.2 万 t，减少氮氧化物 30.2 万 t。

2016 年我国主要部门节电量见表 2 - 5 - 2。

表 2 - 5 - 2 　　　　　2016 年我国主要部门节电量

类别	2016 年	
部门	节电量（亿 kW·h）	比重（%）
工业	564	20.5
建筑	2182	79.4
交通运输	0.24	0.01
总计	2746	100

专　题　篇

G20 能效引领计划介绍

1.1 背景及概况

在全球气候变化以及能源资源制约等因素的威胁下，为尽量减少温室气体排放量并充分利用现有的能源资源，全球各个国家都将提高能效作为重要奋斗目标。无论从规模大小还是从经济性角度，节能都已经成为与"煤、油、气、电"等并重的实现能源供需平衡的重要资源。

G20（二十国集团）是成立于 1999 年的国际经济合作论坛，由原八国集团（美国、日本、德国、法国、英国、意大利、加拿大、俄罗斯）以及其余十二个重要经济体（中国、阿根廷、澳大利亚、巴西、印度、印度尼西亚、墨西哥、沙特阿拉伯、南非、韩国、土耳其、欧盟）组成。G20 不仅涵盖面广而且代表性强，在全球经济和能源发展中占重要地位：经济总量约占全球的 84%，一次能源消费量超过全球的 80%，温室气体排放约占全球的 80%。鉴于此，加之其巨大的政治影响力，G20 有义务也有能力更有志于在引领全球能效提高、促进能效融资增加以及推动先进技术开发等方面发挥表率作用。

作为 2016 年 G20 主席国，中国牵头提出了制定《G20 能效引领计划》（以下简称"EELP"）的倡议，以期能更好发挥 G20 在提高能效、应对气候变化中的引领作用。经各成员国共同努力，G20 就 EELP 达成共识，并由 G20 领导人核准发布，成为 G20 杭州峰会的重要成果。

EELP 为 G20 提供了长期、综合、灵活和资源充足的能效自愿合作框架。它共有 11 个重点领域，即交通工具、联网设备、能效融资、建筑、能源管理、发电、超高能效设备、"双十佳"、区域能源系统、能效知识分享框架、终端用能数据和能效度量。基于自愿，其遵循互利、创新、包容和共享的原则。国际能效合作伙伴关系（IPEEC）将协调和支持 EELP 框架下的合作，同时也将和其他国际组织紧密合作。

1.2　重点合作领域

G20 成员国和嘉宾国可基于各自的能力和工作重点，自愿参加感兴趣的重点领域。每个领域的长期目标和实现途径对相应的 G20 成员并不是强制性的，即未参与某个工作组的国家，不会受到该工作组任务的限制。下面依据《G20 能效引领计划》分别对 11 个重点合作领域进行摘要介绍。

重点领域 1：交通工具

交通运输行业约占全球能源总消费的 20%。G20 成员国拥有全球 90% 以上的汽车销量，故其政策对于全球公路交通运输部门解决能源、空气质量和应对气候变化等问题具有决定性作用。

交通运输工作组由美国主导，共 13 个成员参与。其长期奋斗目标是支持参与国及其他感兴趣国家制定和实施世界一流的政策和项目来减少机动车（尤其是重型卡车）对能源与环境的影响。G20 渴望的既有政策有：介绍并按授权推广清洁燃料，提高长期尾气排放标准要求，制定长期燃油经济性标准和支持绿色货运计划等。

重点领域 2：联网设备

联网设备的数量正快速增加，预计 2030 年其将占全球终端用电量的 6%。通过加强能源管理可减少其中大部分能源消耗，同时高效的互联网络和联网设备可促进整个经济体能源生产率的持续提高。

2015 年英国和国际能源署倡导成立了联网设备工作组，共有 9 个 G20 成员国参与。其长期奋斗目标是打造一个通过用能设备与网络实现能源管理的优化配置，在全部领域提高能源效率和能源生产率；将网络和联网设备能耗降至最低，确保网络节能效果最大化。

重点领域 3：能效融资

能效提升离不开 G20 国家或地方层面的资金支持。能效融资工作组由法国和墨西哥政府联合主导，共 14 个 G20 成员国参与。其长期目标是通过消除障碍，提供政策支持，促进公共机构和私营部门采取行动让更多资本流向 G20 的能效提升领域。这需要参与国开展以下工作：建立强有力的投资评级国家政策和投资框架，识别和复制推广最佳节能投融资实践，优化利用公共资源，加强政策制定者和私营部门、公共财政机构、行业和国际组织之间的对话。

重点领域 4：建筑

建筑能源消费占全球终端能源消费的 30%以上，而 G20 成员国的建筑节能潜力约占全球的 3/4，所以在 G20 国家间加强建筑节能至关重要。建筑节能工作组由美国和澳大利亚政府联合主导，绝大多数 G20 成员参与。该工作组致力于研究、告知、支持建筑能效政策选项的制定和实施。国际合作可以帮助挖掘建筑部门巨大的节能潜力，需要研究制定、比较和完善国家层面建筑能源政策的选项和工具，并形成合力。这包括开展建筑能效评级体系、建筑节能标准、分享最佳实践和经验、数据分析和专业技能等方面合作。

重点领域 5：能源管理

工业企业和商业建筑的能源消费占全球能源消费的 50%以上。

改善企业能源管理可提高高能耗企业的能源效率，大幅减少能源消耗和二氧化碳排放量。能源管理工作组（EMWG）由美国主导，能源管理行动网络（EMAK）由日本和中国主导，各有 11 个 G20 成员参与。

EMWG 的奋斗目标是中长期内在 5 万家机构中普及能源管理体系标准，实现途径有：鼓励工业企业和商业建筑应用 ISO 50001 标准以提高能源利用效率；推动公共和私营部门合作推广高耗能领域特定技术；搭建最佳实践的讨论平台。EMAK 的长期目标是通过建立和强化能源管理体系及相关法规政策体系大幅降低工业部门的能源强度，实现途径有：通过分享能源管理体系建设的最佳实践和工具来开展能力建设，在政策制定者和负责能源管理的操作人员间创造联络机会。

重点领域 6：发电

在过去 20 年间，全球电力生产增长了 1.6 倍，其中化石燃料发电增长占比最大，并且这一趋势将持续。发电工作组由日本主导，长期奋斗目标是大幅提高高效低排放火力发电厂的比重，实现途径包括：提高对超超临界、整体煤气化联合循环、碳捕获与存储等高能效、低排放技术的技术原理、融资和环境方面的了解；开展高效低排放发电技术研发与示范活动；继续以研讨会和参观交流方式加强技术合作。

重点领域 7：超高能效设备

由于越来越多地使用用电设备、家用电器和照明用具等，预计全球电力需求将持续增长。超高能效设备工作组由美国和印度主导，共 18 个成员参与，主要工作是探索提高用电设备能效的相关措施和手段。其长期奋斗目标是通过推广超高能效设备，使参与国减少电力和燃料需求，推动温室气体减排、能效提升和成本下降。

重点领域 8："双十佳"（最佳节能技术和最佳实践）

分享最佳节能技术和最佳实践是提高能效和应对环境问题的重要手段。"双十佳"工作组由中国和澳大利亚联合主导，IPEEC 负责协调，共 7 个 G20 国家参与。该工作组的长期奋斗目标是实现最佳节能技术和最佳节能实践的信息分享和推广应用。实现途径包括：构建 G20 能效技术和最佳实践数据库；不断优化"双十佳"评选体系；加强市场主体和政府间的节能技术合作；鼓励成员国开展"双十佳"的广泛应用和经验交流；激励获奖单位，宣传工作组，分享节能经验和知识。

重点领域 9：区域能源系统

供冷占一些 G20 国家居民电力消费的比重很高，并且高峰的空调制冷电耗持续走高将成为电力供应的沉重负担。区域供冷是降低能源消耗、平衡电力高峰负荷需求的高性价比解决方案。区域供热也类似。

区域能源系统工作组将由沙特阿拉伯、中国、俄罗斯联合主导，新加坡是永久性嘉宾国。其奋斗目标是实现区域制冷/供热系统能效的大幅提升，相应实现途径包括：在国家层面建立负责推广区域性制冷/供热的管理机构；制订国家区域供冷/供热计划；规定满足具体标准的新建公共设施应用区域供冷/供热；确定区域供冷/供热专区。

重点领域 10：能效知识分享框架

基于丰富的节能经验，G20 提出的能效知识分享框架将为能效政策经验交流、最佳案例和经验的学习提供平台。该框架在国际能源论坛的支持下成立并由沙特阿拉伯主导。其长期工作目标是收集分享政策、实践和措施的经验，帮助 G20 和其他感兴趣的国家提高能效。能效知识分享框架将展示供给侧和需求侧的能效政策、节能技术和相关创新，分享能效融资和能效相关成果的优秀经验。

重点领域 11：终端用能数据和能效度量

不同类型的能效政策制定需要依据不同的数据和指标，而数据和指标的获得又受限于不同国家的情况。开展相关工作的价值在于分享经验，以提高能效指标，结合特定的国情和能力，进而更好地做出决策和区分最具成本效益的能效政策优先顺序。该工作组由法国主导，通过法国国家能源管理机构实施。其目的在于提供一个平台分享知识和经验，为 G20 参与国收集和分析终端用能数据和能效度量，以期最终能够提高决策力并制定出更为高效的政策。

1.3　对我国的影响

我国在 G20 杭州峰会上牵头制定该能效引领计划具有重要意义。一方面，这体现了我国是一个负责任的大国，在积极地通过实际有效的行动应对气候变化等全球关心的重大问题；另一方面，在能效提升领域，我国已经从参与和跟随的角色转变为了主导和引领的角色，这也是实现中华民族伟大复兴的里程碑。

我国历来都是提升能效方面的有力倡导者和重要实践者。世界银行的相关研究表明，近 20 年来，我国节能量占了全球节能总量的一半以上，可谓当之无愧的世界第一节能大国。根据国家发展改革委能源研究所的数据，2005 — 2015 年，我国单位 GDP 能耗累计下降 33.8%，节约能源达 15.5 亿 tce，接近目前日、德、法、英一次能源消费的总和。拥有如此耀眼的成绩，我国的很多节能做法和经验自然就受到了全球范围的高度认可。近几年，我国丝毫没有放慢提升能效的步伐：通过促进节能技术进步和加大创新力度，相应的节能技术水平和装备制造能力都明显提高，除有力推动了工业、建筑和公共机构的节能减排外，还铸就了一批优秀的企业，培养了众多高素质的优秀人才。接下来，随着重点用能领域节能管理力度的加强，相关法规政策体系的逐渐成熟完善，我国的能效技术创新动力还将得到进一步激发，节能产业也将持续蓬勃发展。

我国在能效提升方面取得的进步得益于国际交流合作，同时也能为国际社会做出更大贡献。《G20 能效引领计划》为国内节能产业的国际化提供了重要通道，以此为契机，我国应将能效领域的产品技术和理念服务的"引进来"和"走出去"统筹起来，基于对发达国家能效提升经验和相应技术的充分了解和借鉴，把握各国能效合作的根本诉求和利益关切，以求同存异、充分沟通作为导向开展国际合作。依此，一方面，能实现世界范围的高水平、宽领域合作共赢，最终促进各国共同提升能效水平，助力应对全球气候变化等影响可持续发展的问题；另一方面，对我国在能效领域的工作和成绩进行有效而广泛的宣传，对于提升我国在国际能效合作领域的地位和影响力大有裨益，也更能激励我国引领全球能效工作。

在创新、协调、绿色、开放、共享的发展理念指导下，以能源生产和消费革命作为战略发展方向，立足能效提升工作在现代化进程各方面的有序高质贯彻，我国将继续以引领者的姿态与世界各国一道应对全球面临的能源危机等重大问题。

2

《电力需求侧管理办法（修订版）》解读

2.1 办法出台背景

2010 年《电力需求侧管理办法》印发以来，各有关部门和企业按照科学用电、节约用电、有序用电的理念，积极推进电力需求侧管理工作，在促进电力供需平衡和保障重点用户用电等方面发挥了重要作用。近年来我国经济进入新常态，电力供需形势相对宽松，电力需求侧管理面临的外部形势和内涵发生了较大变化，工作方向和重心需要及时调整。

为贯彻落实供给侧结构性改革有关部署，促进供给侧与需求侧相互配合、协调推进，国家发展改革委、工业和信息化部、财政部、住房和城乡建设部、国务院国资委、国家能源局 6 部门联合印发了《关于深入推进供给侧结构性改革做好新形势下电力需求侧管理工作的通知》（以下简称《通知》），《通知》提出，近年来电力需求侧管理工作取得了积极成效，有序用电不断规范，成为保障电力供需平衡的重要手段；节约用电积极引导，成为节能减排的有效措施；科学用电持续推进，成为经济运行的重要组成部分。

随着我国经济发展进入新常态，"十三五"时期用电量低速增长，电力供应能力充足，电力供需由总体偏紧、局地供需矛盾紧张转变为总体宽松、局地供应富余，形势已发生深刻变化。同时，生态文明建设、能源消费革命、新一轮电力体制改革的推进，都为电力需求侧管理提供了新的发展机遇，也提出了新的工作要求。新的形势下，电力需求侧管理要重点做好推进电力体制改革、实施电能替代、促进可再生能源消纳、提高智能用电水平的工作。结合新形势和新任务，《通知》对现行的《电力需求侧管理办法》进行了修订，自 2011 年 1 月 1 日起实施的《电力需求侧管理办法》同时废止。

2.2　新旧办法对比

与 2010 年版《电力需求侧管理办法》（以下简称"旧《办法》"）相比，《电力需求侧管理办法（修订版）》（以下简称"新《办法》"）在需求侧管理内涵、实施主体、实施手段和保障措施等 4 个方面进行了拓展，充分体现了当前新形势下电力需求侧管理工作的新定位和新要求。本节以四个拓展为切入点对两版《办法》的内容进行对比分析，以期为更好地理解文件思路、把握电力需求侧管理工作的发展方向提供参考。

2.2.1　概念内涵

《通知》提出，充分认识当前电力需求侧管理面临的形势，拓展电力需求侧管理新的内涵。电力需求侧管理是供给侧结构性改革的重要内容，有利于提升企业效率、降低实体经济企业成本；电力需求侧管理是推进"放管服"改革的有效抓手，通过电力需求侧管理不断强化居民等重点用户的供电服务，能够促进电网企业保障电力供应、提高电能可靠性、优化电能服务；电力需求侧管理是促进可再生能源消纳的关键手段，通过深化推进电力需求侧管理，促进供应侧与用户侧大规模友好互动，是促进可再生能源多发满发的重要手段。

在旧《办法》中，电力需求侧管理的内涵被概括为"科学用电、节约用电、有序用电"。新《办法》基于电力需求侧管理面临的新形势、新任务，提出电力需求侧管理的新定义：电力需求侧管理，是指加强全社会用电管理，综合采取合理、可行的技术和管理措施，优化配置电力资源，在用电环节制止浪费、降低电耗、移峰填谷、促进可再生能源电力消费、减少污染物和温室气体排放，实现节约用电、环保用电、绿色用电、智能用电、有序用电。

可以看到，新《办法》将电力需求侧管理的概念内涵由"科学用电、节约用电、有序用电"拓展为"节约用电、环保用电、绿色用电、智能用电、有序用电"，这表明，电力需求侧管理的定位将从"提高电能使用效率、保障电力供需平衡"向"推进供给侧结构性改革、推动能源消费结构优化、促进可再生能源消纳、提高智能用电水平"转变。这一转变体现了新形势对电力需求侧管理工作的新要求。

近年来，随着我国经济发展进入新常态，全社会用电增速逐步放缓，"十二五"时期年均增长 5.7%，与此同时电力装机增长迅速，"十二五"时期年均增长 9.3%，供大于求形势越发明显。缓解电力供需缺口不再是电力需求侧管理的首要任务，电力需求侧管理的工作重心需从保障供需平衡向多元化目标转变，迫切需要发挥需求侧资源在提升电网精细化管理水平以及增强电网运行灵活性方面的作用，以促进清洁能源消纳、优化能源结构、助推能源供给侧改革。

与之对应，新《办法》进一步体现了将需求侧资源与供应侧资源同等对待的思路，基于旧《办法》提出的"将需求侧管理节约的电力电量纳入电力工业、能源发展规划"，明确要求"改善电力运行调节，将需求响应资源统筹纳入电力运行调度，提高电网的灵活性，为可再生能源电力的消纳创造条件"，并提出"各地应扩大需求响应试点实施范围，结合电力市场建设的推进，推动将需求响应资源纳入电力市场"。

2.2.2　实施主体

关于对电力需求侧管理实施主体的界定，旧《办法》中提出"电网企业是电力需求侧管理的实施主体，电力用户是电力需求侧管理的直接参与者"。在该办法的引导下，我国逐步形成了政府主导、电网企业作为实施主体，全社会广泛参与的需求侧管理组织运作体系。2013年，国家开始开展电力需求侧管理城市综合试点建设，北京、上海、苏州、唐山、佛山等试点城市分别建立了可服务城市运行保障工作的需求响应资源库。

此后，随着电力需求侧管理试点城市的培育以及新一轮电力体制改革的推进，我国需求响应试点工作形成了政府主导，电网企业支持，新型电能服务机构和电力用户参与的需求响应工作体系。新《办法》结合当前电力需求侧管理的实施现状，将电力需求侧管理的实施主体拓展为"电网企业、电能服务机构、售电企业、电力用户"。随着电力体制改革进程不断推进，售电主体逐步多元化，以用户为中心的理念逐步深入，将售电主体和用户列入实施主体既符合电力市场建设要求，也与需求侧管理的新内涵对应。

将售电企业、电能服务机构等纳入需求侧管理重要实施主体，有利于形成电力需求侧管理与电力市场协同促进的良好局面。一方面，售电企业、电能服务机构等作为实施主体积极广泛参与，有助于提升电力需求侧管理的成效；另一方面，在售电企业、电能服务机构等参与电力需求侧管理的过程中，如何提升用户用能服务水平将成为其主要市场竞争力之一，因此，其积极参与能够有效促进电力市场的良性竞争和有序发展。

用户的积极参与对电力需求侧管理的有序、有效推进意义重大。电力需求侧管理的核心之一是引导用户优化用电方式，一方面，电力的需求侧即是用户的供给侧，用户的积极参与将有效促进供给侧结构性改革；另一方面，用户积极参与电力需求侧管理也将有效推动供需互动系统的构建、促进可再生能源消纳。

此外，为了鼓励推进工业、建筑等领域电力需求侧管理，新《办法》提出"组织开展产业园区、工业企业、综合商务区等功能区电力需求侧管理示范，建立和完善第三方评价机制。"同时，新《办法》还提出"政府主管部门应组织开展能效电厂项目示范，制定和发布电力需求侧管理技术推广目录，引导电力用户加快实施能效电厂项目，采用节电新技术"。

2.2.3　实施手段

在旧《办法》中，实施手段主要围绕节约电量和节约电力的目标展开，鼓励采用高效用电设备和节电技术。新《办法》基于新形势下电力需求侧管理的"环保用电、绿色用电、智能用电"的新内涵，结合电力市场化建设的推进和"互联网＋"模式的兴起，提出了通过市场化和信息化手段实施电力需求侧管理工作的相关要求，电力需求侧管理的实施手段更加丰富。

在市场化手段方面，新《办法》在环保用电方面提出"推动在需求侧合理实施电能替代，促进大气污染治理，扩大电力消费市场，拓展新的经济增长点；鼓励社会资本积极参与电能替代项目投资、建设和运营，探索多方共赢的市场化项目运作模式"。在有序用电方面提出"结合电力市场建设的推进，推动将需求响应资源纳入电力市场"。在保障措施方面提出"创新市场机制和商业模式"。

我国"互联网＋智慧能源"变革正在加速，信息和通信技术与用电技术的深度融合呈加速趋势。着力提升电力需求侧管理智能化水平，为节约用电、环保用电、绿色用电、有序用电管理提供坚强有力的智能化技术支撑，是全面、深入推进电力需求侧管理的迫切现实需求。电力需求侧管理平台建设及其互联互通、信息交互和安全、有序共享，应是推进智能用电的主要抓手。

因此，在信息化手段方面，新《办法》分别从建设电力需求侧管理信息平台和用电大数据中心、开展"互联网＋"智能用电等方面提出相关要求：通过信息和通信技术与用电技术的融合，推动用电技术进步；引导、鼓励电力用户和各类市场主体建设需求侧管理信息化系统并接入国家电力需求侧管理平台；支持在产业园区、大型公共建筑、居民小区等集中用电区域开展"互联网＋"智能用电示范，探索"互联网＋"智能用电技术模式和组织模式。

2.2.4 保障措施

在旧《办法》中，电力需求侧管理实施的激励措施主要集中在资金方面，明确了电力需求侧管理的资金来源和用途。自电力需求侧管理在我国开展以来，无论是在电价政策、技术标准制定，还是在投融资机制方面都存在一些问题，阻碍了电力需求侧管理的发展。

在电价政策方面，由于我国各地区经济发展程度不同，各地在电力需求侧管理电价政策制定方面参差不齐，部分地区分时电价、最大需量电价管理还未实施。随着售电侧的放开，与需求侧管理发达国家相比，我国需求侧响应实时电价、可调控资源交易、可中断负荷补偿等根本性的实时电价、可调控资源交易、可中断负荷补偿等激励机制还有待完善。

在技术标准方面，电力需求侧管理技术（平台）可协调用户的可调控负荷以及分布式电源、储能等资源，自动或主动实施需求侧响应，支持区域能源协作调峰，保障电网稳定运行。随着我国电力需求侧技术的不断发展，相应技术标准体系也在逐步形成，一些各层次不同领域的标准正在制定。但是现阶段国内电力需求响应还在起步阶段，实施较少，且尚未出台相关的具体技术标准。

在资金支持方面，电力需求侧管理的实施需要较为先进的硬件和软件支撑，充足的资金支持必不可少，资金来源较为有限成为前期电力需求侧管理开展的障碍之一。通过建立电力需求侧管理专项资金、探索创新融资机制以及拓展国际融资渠道等各类融资途径来为需求侧管理实施提供资金保障十分重要。

为解决上述问题，新《办法》对原有激励措施进行了扩展，同时新增了多项保障措施，涵盖了法律法规、标准制定、能力建设（培训）、电价政策、资金来源与用途、产业联盟、国际合作等多个方面，全方位保障电力需求侧管理工作的有序开展和稳步推进。

2.3 电力需求侧管理的未来发展方向

随着"互联网＋"智慧能源的发展和新一轮电力体制改革的推进，电力需求侧管理作为重要的支撑手段和基础，将会有新的发展方向。

"互联网＋"智慧能源也即能源互联网，是能源与信息通信技术的深度融合。随着能源互联网的发展，电力系统也将呈现新的特性，一方面，需求侧储能、电动汽车等新型负荷的接入，将增加电力系统的双侧随机性；另一方面，各类先进的信息通信技术与电能利用融合，将极大地提升用户的智能用电水平。

在这一发展趋势下，一方面，电力需求侧管理将通过有效调用需求侧资源，平抑可再生能源发电的间歇性，应对电力系统的双侧随机性，保障系统电力平衡。另一方面，电力需求侧管理将基于云计算、大数据、物联网等新技术与互联网平台，实现对用户用能的智能化管理。通过智能交互的互联网平台，综合能源服务商将能够快速向用户传递需求响应信息和指令，实现用电方式的智能定制、主动推送和资源优化组合，实时引导能源的生产消费行为。

同时，随着电力体制改革的推进，电能服务机构、售电企业等新兴市场主体将通过开展电力需求侧管理，提供更加多元化的商品和服务方案，电力需求侧管理的精细化水平将不断提升；通过智能监测平台，实时掌握用户用电情况；通过用户侧智能自动控制设备，对不同用电设备进行精细化管理控制，协调需求侧与供应侧的优化运行；通过分析用户用能习惯，提供个性化的能效管理与节能服务，同时提供面向用户终端设施的能量托管、交易委托等增值服务。

总之，随着"互联网"＋智慧能源的兴起和电力市场化改革的推进，未来电力需求侧管理将更加智能化、精细化，基于创新的互联网化体系结构，以大数据平台和云技术为支撑，推动分布式能源、储能及电动汽车的发展。电能服务机构、售电企业等市场主体也将逐渐向综合能源服务商转变，在保障电力系统安全稳定运行，推动供给侧结构性改革方面发挥重要作用。

3

国家电力需求侧管理平台简介

3.1 平台建设背景

电力需求侧管理是节能减排重要手段，对于推动能源革命、促进节能减排、防治大气污染具有重要意义。充分运用现代信息技术有效推动电力需求侧管理工作，可以充分发挥其在提升电力安全供应保障能力、提高电能利用效率等方面的积极作用。电力与经济关系密切，可以通过对实时电力大数据跟踪和挖掘，透过电力看经济，及时为政府经济决策和国家电网公司生产经营提供重要决策支撑。

电力需求侧管理目标责任考核、有序用电管理等工作手段传统低效，还未建成高效的信息化管理系统，还未形成对海量用户用能数据进行分析、挖掘的能力，并利用这些数据服务于企业，提升企业和全社会的能效水平。经济数据统计周期相对较长，不能满足国家电网公司和国家对宏观经济形势实时跟踪、分析的需要。当前，国际经济形势复杂多变，加强对经济形势的实时跟踪、分析显得尤为重要，可以为国家电网公司和国家制定宏观经济政策提供重要支撑和决策参考。电力与经济关系密切，可以通过对实时的电力数据跟踪和挖掘，来分析、预测经济走势。为全面贯彻落实国务院关于转变政府职能的部署，充分运用现代信息技术推动电力需求侧管理、有序用电、需求响应工作开展，有效发挥电力需求侧管理在保障电力供应、提高电能利用效率等方面的积极作用，显得尤为重要。电力经济数据纷繁复杂，传统处理手段无法充分挖掘海量电力数据对经济态势分析的重要价值，迫切需要对大规模电力经济数据进行科学管理、分析，通过电力数据分析预测产业增长点和经济发展态势，实时反映国家经济运行态势，全面提升国家电网公司服务政府决策的能力。

2013 年，国家发展改革委运行局发函委托国家电网公司开发维护国家电力需求侧管理平台，2014 年，平台建设列入国家电网公司信息化项目计划，由国网能源研究院有限公司承担平台建设与维护。

3.2 主要建设内容和特点

国家电力需求侧管理平台（以下简称"平台"）是国家发展改革委委托国家电网公司建设的国家级平台，旨在构建综合性、专业化、开放式的网络应用平台，向政府有关部门、电力企业、电力用户、电能服务商等各类群体提供最全面、最权威决策支撑和技术服务，促进我国节能减排事业的发展，提升电力安全可靠供应保障能力。

平台有效运用互联网、大数据、分布式存储、云计算、基于Echarts 可视化、基于爬虫的数据抓取、全文检索等先进技术手段，搭建电力经济大数据库，在构建科学分析预测方法和模型基础上，开发完成了宏观经济分析、电力供需形势分析、有序用电管理、需求响应、DSM 目标责任考核、企业在线监测、大数据分析应用、知识库管理等八大功能模块，三十六个子模块，如图 3-3-1 所示。

国家电力需求侧管理平台的亮点是利用电力数据及时、准确的特点，运用大数据、云存储、互联网等先进技术，构建了综合性、专业化、开放式的网络应用平台，深入分析挖掘了电力与经济关系，及时"透过电力看经济"，并实现了电力需求侧管理、有序用电管理、需求响应等工作以及电力供需形势的在线监测与管理，提升了电力应急保障能力。

图 3-3-1 平台主要功能

国家电力需求侧管理平台已实现全部八大功能模块，三十六个子模块的开发；完成经济指标数据模型建立、数据采集，其中一、二、三、四级指标共计 5 万多个，数据总量近 400 多万条，包括全国及各地区的月度数据、季度数据、年度数据，其中月度为前 36 个月，季度为前 18 个季度，年度为前 20 年的数据；完成全国各地区的日温度数据的采集，3 年共计 40 多万条记录；累计全国及各地区发电、装机、各行业用电、居民用电、统调负荷数据 10 年 8000 多万条，全国重点企业在线监测数据累计 5 年 10 亿条，为电力经济关联分析、经济预测提供有力的数据支撑；集成主流数据挖掘工具和主要数据挖掘算法，实现了基于温度的负荷预测、基于电力数据的经济预测，取得了较好的应用效果。

平台主要创新点包括：

（1）构建了开放的电力经济大数据挖掘分析预测工作平台，首次实现了基于全量用电数据的电力经济关系分析挖掘。解决了对短周期、各行业、重点区域的电力供需及经济增长态势的跟踪、分析和预测难题，提高了电力经济分析预测、预警的及时性、准确性和前瞻性，为政府经济决策和国家电网公司生产经营提供了重要参考和支撑。

（2）建立了集电力需求侧管理、有序用电管理、需求响应以及电力供需形势分析等功能于一体的供需平衡分析和监测平台，实现了全国及各地区电力需求侧管理、有序用电管理、需求响应、供需形势等数据信息在线监测与管理，提升了电力应急保障能力，大大提高了工作效率和水平。

（3）建立了企业及设备用能用电数据在线监测分析平台，首次实现了对设备级用电数据的实时监测、在线分析。解决了基于企业和设备用电数据的能效统计分析难题，对开展企业及设备能效分析提供有力支撑。

（4）首次提出了基于 NOAA NGDC（NOAA's National Geophysical Data Center）夜间灯光影像和中国电力消耗量估算的地区工业发达指数评价体系，解决了如何利用用电数据与经济数据联合分析，有效评估、预测不同地区（省、市、县）工业发达程度问题，对分析判断各地区经济社会发展阶段提供了新的方法和视角。

（5）构建了基于全量工业用户用电大数据的企业开工率分析方法模型、基于城镇居民用电大数据的住房空置率分析方法模型，解决了我国经济运行监测中的企业运行态势、住房空置情况等分析难题，对国家制定宏观经济政策提供了重要参考。

3.3 平台功能和技术架构

国家电力需求侧管理平台有效利用互联网、云存储、大数据等先进技术手段，构建科学的分析方法和模型，通过对实时的电力数据跟踪和挖掘，来分析、预测经济走势。通过对全量电力经济数据的挖掘，深入分析电力与经济的关系。运用现代信息技术，构建综合性、专业化、开放式的网络应用平台，为电力需求侧管理、有序用电、需求响应工作提供信息化支撑。利用云存储、大数据技术，开发企业用能在线监测平台，实现对企业用能数据的在线监测、整合、分析与挖掘，并为企业提供能效诊断和节能服务，提升全社会能效水平。平台基本原理如图 3-3-2 所示。

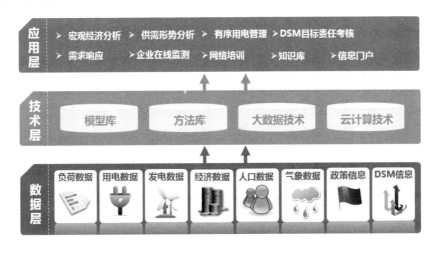

图 3-3-2　平台基本原理

3.3.1　平台系统架构

国家电力需求侧管理平台的总体思路是以坚强智能电网为坚实基础，以系统标准规范为坚强支撑，以通信与安全保障体系为可靠保证，以智能用电信息共享平台为信息交换途径，通过技术支持平台和互动平台，为用户提供宏观化、多样化的管理服务，其整体架构如图 3-3-3 所示。该系统从上到下、从左到右由 4 个子层和 2 个支撑模块组成，其中 4 个子层分别为数据源层、数据层、支撑层和应用层，2 个支撑模块分别为安全防护体系和系统标准规范。以下对各层进行详细介绍。

（1）数据源层：由于该平台与多个系统和平台对接，需要获取的数据较多。主要包括与营销系统、大规划系统、调度等系统对接的相关电参数数据，与统计局等对接的人口、经济等宏观数据。

（2）数据层：数据层提供结构化数据库和非结构化数据库，包括结构化数据库包括主题库、增量数据库、分布式存储。

（3）支撑层：为区域能源管理系统提供支撑服务和工具，通过ETL工具、数据挖掘工具、图形展示工具等通用工具方便整体系统的设计与搭建。算法库包括预测算法、分类算法、关联算法和聚类算法等。核心引擎主要包括元数据引擎和全文检索引擎。

（4）应用层：应用层主要提供平台功能，是实现平台的主要内容，主要包括核心功能和支持功能。该平台的核心功能包括宏观经济分析、供需形势分析、有序用电、需求响应、企业在线监测等功能。支撑功能包括权限管理、日志管理、信息管理、用户管理等功能。

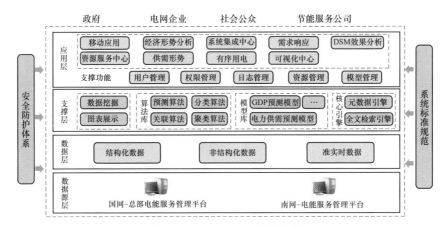

图 3-3-3 平台整体架构

针对各省之间信息资源难以实现共享的问题，提出了两级电力需求侧管理信息资源共享交换对接平台模型，通过实践证明，两级电力需求侧管理信息资源共享交换平台的对接，能够有效解决国家-省级部门在资源共享过程中面临的核心技术问题，是当前政府解决跨层级资源共享问题的有效支撑系统。电力需求侧管理信息资源共享交换平台在逻辑上由一个目录中心、一个交换中心、多个目录节点、多个交换节点构成，同时实现与国网总部电能服务管理平台、南网电能服务管理平台的无缝集成，平台逻辑结构如图 3-3-4 所示，具体的物理实施如图 3-3-5 所示。

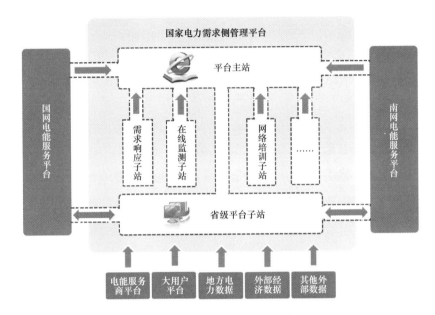

图 3-3-4　平台逻辑结构

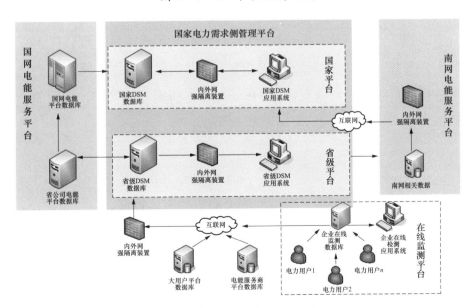

图 3-3-5　平台物理实施

3.3.2 平台主要功能

（1）宏观经济分析。

实现了经济实时、宏观经济综合、行业产业用电、用电异动分析、重点区域电力经济、重点企业用电、居民用电、经济景气、城镇化分析、经济预测等功能，可以研判电力需求与经济发展之间关系，分析预测全国、各地区、各行业经济运行。

（2）电力供需形势分析。

实现了发电监测、清洁能源消纳、输电监测、电力负荷特性分析、供需形势等功能，可以分析全国及各地区的发电能力、跨区输电能力、用电负荷及负荷特性，分析预测全国及各地区电力供需形势。

（3）有序用电管理。

实现了有序用电方案、有序用电日报、有序用电预警、有序用电执行效果分析等功能，可以审核和发布有序用电方案，发布和查询有序用电预警信息，查询信息日报，统计、汇总有序用电执行效果。

（4）DSM 目标责任考核。

实现了考核指标查询、执行情况管理、DSM 项目管理、DSM 目标责任考核、DSM 效果分析等功能，可以制定和下发电网企业 DSM 考核指标，跟踪执行情况，对 DSM 项目进行全过程管理，进行 DSM 目标责任考核，并分析 DSM 执行效果。

（5）需求响应。

实现了需求响应实施情况、需求响应潜力分析等功能，可以汇总分析全国各地区电价型、激励型需求响应的实施效果，测算全国及各地区重点行业的需求响应潜力。

（6）企业在线监测。

实现了监测用户信息统计、监测终端信息统计、重点企业用能展示等功能，可以汇总分析全国及各地区在线监测电力用户数量、监测终端规模、负荷、覆盖率等，监测分析重点企业用能情况。

（7）大数据应用。

实现了指标关联分析、电力消费地图、电力大数据聚类分析、夜间灯光数据的电力消耗量估算分析等功能，可以通过高性能计算、数据挖掘、统计分析、数据可视化等电力大数据技术对电力经济主要指标进行观察和分析。

3.3.3 平台关键技术

关键技术一：基于 MySQL 的分布式数据库系统中间件建立 MySQLServer。使用 MySQL 的通信协议模拟成一个 MySQL 服务器，并建立了完整的 Schema（数据库）、Table（数据表）、User（用户）的逻辑模型，并将这套逻辑模型映射到后端的存储节点 DataNode（MySQL Instance）上的真实物理库中，所有使用 MySQL 的客户端以及编程语言都能将中间件当成是 MySQLServer 来使用，不必开发新的客户端协议。本技术可推广作为国家电网公司信息化建设项目数据库服务器解决方案。

关键技术二：基于 Echarts 技术实现平台可视化展示。ECharts 是一个纯 Javascript 的图表库，可以流畅地运行在 PC 和移动设备上，兼容当前绝大部分浏览器（IE8/9/10/11，Chrome，Firefox，Safari 等），底层依赖轻量级的 Canvas 类库 ZRender，提供直观、生动、可交互、可高度个性化定制的数据可视化图表。ECharts 提供了常规的折线图、柱状图、散点图、饼图、K 线图，用于统计的盒形图，用于地理数据可视化的地图、热力图、线图，用于关系数据可视化的关系图、treemap、多维数据可视化的平行坐标，还有用于 BI 的漏斗图、仪表盘，并且支持图与图之间的混搭。图表与数据进行链接，对表中的任何数据集进行修改都可自动引起图表的重新设计。本技术可推广作为国家电网公司信息化建设项目可视化展示的解决方案。

关键技术三：基于爬虫的数据抓取技术。采集宏观统计数据和相关行业动态数据，通过定时任务将采集到的数据进行编码、清洗、格式转换并入库。实现超过 5 万个指标最近 10 年数据的定时采集，采集数据量超过 500 万条。主要技术流程如下：程序 package 组织、模拟登录、网页下载、自动获取网页编码、网页解析和提取、正则匹配与提取、数据去重。本技术可推广作为国家电网公司信息化建设项目数据获取的解决方案。

关键技术四：基于 Redis 的分布式缓存技术。Redis 是一个高性能的 key‑value 数据库，它支持存储的 value 类型相对更多，包括 string（字符串）、list（链表）、set（集合）、zset（sorted set‑有序集合）和 hash（哈希类型）。在此基础上，Redis 支持各种不同方式的排序。为了保证效率，数据都是缓存在内存中，Redis 会周期性的把更新的数据写入磁盘或者把修改操作写入追加的记录文件，并且在此基础上实现了 master‑slave（主从）同步。本技术可推广作为国家电网公司信息化建设项目分布式缓存的解决方案。

关键技术五：基于 Solr 的全文检索技术。Solr 是一种开放源码的、基于 Lucene Java 的搜索服务器，易于加入到 Web 应用程序中。Solr 提供了层面搜索、命中醒目显示并且支持多种输出格式（包括 XML/XSLT 和 JSON 等格式）。它易于安装和配置，而且附带了一个基于 HTTP 的管理界面。可以使用 Solr 的表现优异的基本搜索功能，也可以对它进行扩展从而满足企业的需要。本技术可推广作为国家电网公司信息化建设项目网页检索的解决方案。

关键技术六：基于神经网络技术的预测模块。神经网络是大规模并行处理的自适应非线性系统，是一种运算模型，是一种模拟生物神经网络行为特征，进行信息分布式并行处理的数学模型。它由大量节点（也称"神经元"）之间相互连接构成。神经网络的特点使其十分适用于本次平台的开发。由于神经网络处理非线性问题的特殊优势及智能特点，在不用确定系统确切数学模型情况下，可以模拟任何非线性函数关系，使得神经网络预测成为本次平台开发在预测模块中重要的组成部分。本技术可推广作为国家电网公司非线性预测的解决方案。

关键技术七：云平台技术。云平台是对基于网络的、可配置的共享计算资源池能够方便的、随需访问的一种新型的模式，云平台有着许多优点，是未来电力系统的核心计算平台。国家电力需求侧管理平台在建设的过程中主要运用了虚拟化技术、并行编程模型技术MarpReduce、海量数据分布存储、海量数据管理技术等云平台技术。

本平台采用 Mysql 和 HBase 数据库相结合的方式，Mysql 数据库内存储关系联系紧密、复杂的结构化数据，提高关联查询与统计的速度。Hbase 数据库用于存储大量异构、非结构化的数据，依靠键值关系实现在杂乱无序的数据库使用数据。以这两种不同的数据管理方式提高平台的数据吞吐量，提高平台运行速度。

3.4 平台应用情况

平台已经在电力需求侧管理及电力经济运行监测等相关工作中得到应用，取得良好的效果，主要应用情况如下：

（1）为政府及时跟踪和把握宏观经济形势提供决策参考。有效利用平台功能和汇集的电力大数据，充分发挥电力数据实时、准确、前瞻等优势，通过分析电力需求景气指数、用电景气指数、行业景气指数、企业开工率等指标，动态开展电力经济运行分析，实现"透过电力看经济"，为政府及时了解和把握宏观经济运行提供重要依据。

（2）提升电力安全供应保障能力。实时动态展示各地区电力供需状况，及时反映电源、电网与用电的协调匹配关系，优化资源配置，提升了电力安全供应保障能力。

（3）为电力需求侧管理目标责任考核工作提供信息化支撑。平台利用信息化技术实现了电力需求侧管理目标责任考核指标的在线制定和分解，节能项目立项、实施、验收、评价以及节能量的统计认证等全流程闭环管理，并实时监测指标的完成情况，为国家发展改革委和国家电网公司高效开展电力需求侧管理目标责任考核工作提供了有力支撑，大大提高了工作效率。

（4）支撑开展需求响应试点工作，有效提升有序用电管理水平。平台可实现对电力用户用电特性在线监测和分析，有效挖掘电力用户的需求响应和有序用电潜力。需求响应功能模块对全国及各地区需求响应潜力进行了科学评估，有力支撑了国家需求响应试点工作开展。平台还实现了有序用电方案的在线发布、审核、查询，预警信息的发布，有序用电管理执行情况的监测、统计和评价，有效提升了政府和国家电网公司的有序用电管理水平。

（5）为电力用户提供能效服务，有效提升全社会能效水平。电力需求侧管理平台实现了对电力客户及用电设备用能情况在线监测，可实时采集、分析、诊断企业及设备的用能情况和能效水平，为客户提供能效服务，促进企业能效水平提高。

附录 1　能源、电力数据

附表 1-1　中国能源与经济主要指标

类别		2005 年	2010 年	2011 年	2012 年	2013 年	2014 年	2015 年	2016 年
人口（万人）		130 756	133 920	134 735	135 404	136 072	136 782	137 462	138 271
城镇人口比重（%）		43.0	49.7	51.3	52.6	53.7	54.8	56.1	57.3
GDP 增长率（%）		11.3	9.2	9.3	7.7	7.7	7.3	6.9	6.7
GDP（亿元）		187 319	413 030	489 301	540 367	595 244	643 974	689 052	744 127
经济结构（%）	第一产业	11.6	9.5	9.4	9.4	9.3	9.1	8.9	8.6
	第二产业	47.0	46.4	46.4	45.3	44.0	43.1	40.9	39.8
	第三产业	41.3	44.1	44.2	45.3	46.7	47.8	50.2	51.6
人均 GDP（美元）		1808	4425	5375	6078	6750	7571	7925	8143
一次能源消费量（Mtce）		2 360.0	3 249.4	3 480.0	3 617.0	3 750.0	4 260.0	4300	4360
原油进口依存度（%）		36.4	54.5	55.1	56.4	56.5	59.3	59.8	64.4
城镇居民人均可支配收入（元）		10 493	19 109	21 810	24 565	26 955	28 844	31 195	33 616
农村居民家庭人均纯收入（元）		3255	5919	6977	7917	8896	10 489	11 422	12 363

续表

类别	2005 年	2010 年	2011 年	2012 年	2013 年	2014 年	2015 年	2016 年
民用汽车拥有量（万辆）	3 159.7	7 801.8	9 356.3	10 933.1	12 670.1	14 598.1	16 284.5	18 574.5
其中：私人载客汽车	1 383.9	4 989.5	6 237.5	8 838.6	10 501.7	12 339	14 099	16 330.2
人均能耗（kgce）	1805	2426	2583	2671	2756	3114	3128	3153
居民家庭人均生活用电（kW·h）	217	380	417	459	515	526	530	584
能源工业固定资产投资（亿元）	10 206	20 899	23 046	25 500	29 009	31 515	32 562	32 837
发电量（TW·h）	2 497.5	4 227.8	4 730.6	4 986.5	5 372.1	5 680.1	5 740.0	6 022.8
钢产量（Mt）	353.2	637.2	683.9	717.2	779.0	822.7	803.8	807.6
水泥产量（Mt）	1 068.9	1 881.9	2 085.0	2 210.0	2 416.0	2 476.1	2 359.2	2 410.3
货物出口总额（亿美元）	7 619.5	15 779.5	18 983.8	20 487.1	22 090.0	23 427.8	22 734.7	20 976.3
货物进口总额（亿美元）	6 599.5	13 962.4	17 434.8	18 184.1	19 499.9	19 603.9	16 795.6	15 879.3
SO_2排放量（Mt）	25.49	21.85	22.18	21.18	20.44	19.74	18.59	11.03
人民币兑美元汇率	8.1943	6.7695	6.5488	6.3125	6.1932	6.1428	6.2300	6.6280

注 1. GDP 按当年价价格计算，增长率按可比价格计算。
2. 能源工业固定资产投资包括煤炭开采洗选业、石油和天然气开采业、石油加工和炼焦业、电力和热水生产及应业、燃气生产和供应业。

数据来源：国家统计局；海关总署；中国电力企业联合会；环境保护部《2015 能源数据分析手册》。

附表 1-2 中国城乡居民生活水平和能源消费

类别		2005 年	2010 年	2011 年	2012 年	2013 年	2014 年	2015 年	2016 年
人均 GDP（美元）		1731	4425	5375	6091	6856	7591	7925	8143
城镇居民人均可支配收入（元）		10 493	19 109	21 810	24 565	26 955	28 844	31 195	33 616
农村居民家庭人均纯收入（元）		3255	5919	6977	7917	8896	10 489	11 422	12 363
房间空调器	城镇	80.7	112.1	122.0	126.8	102.2	107.4	114.6	123.7
	农村	6.4	16.0	22.6	25.4	29.8	34.2	38.8	47.6
电冰箱	城镇	90.7	96.6	97.2	98.5	89.2	91.7	94.0	96.4
	农村	20.1	45.2	61.5	67.3	72.9	77.6	82.6	89.5
彩色电视机	城镇	134.8	137.4	135.2	136.1	118.6	122.0	122.3	122.3
	农村	84.1	111.8	115.5	116.9	112.9	115.6	116.9	118.8
家用计算机	城镇	41.5	71.2	81.9	87	71.5	76.2	78.5	80.0
	农村	2.1	10.4	18.0	21.4	20.0	23.5	25.7	27.9
家用汽车	城镇	3.4	13.1	18.6	21.9	22.3	25.7	30.0	35.5
人均耗能（kgce）		1805	2693	2873	2970	3063	3114	3128	3153
人均生活用电量（kW·h）		217	381	418	461	500	508	530	584
城镇		306	445	464	501	528	525	532	576
农村		149	316	368	415	465	485	527	594

数据来源：国家统计局；中国电力企业联合会。

附表 1-3　　　　　中国能源和电力消费弹性系数

年份	能源消费比上年增长（%）	电力消费比上年增长（%）	国内生产总值比上年增长（%）	能源消费弹性系数	电力消费弹性系数
1990	1.8	6.2	3.8	0.47	1.63
1991	5.1	9.2	9.2	0.55	1.00
1992	5.2	11.5	14.2	0.37	0.81
1993	6.3	11.0	14.0	0.45	0.79
1994	5.8	9.9	13.1	0.44	0.76
1995	6.9	8.2	10.9	0.63	0.75
1996	3.1	7.4	10.0	0.31	0.74
1997	0.5	4.8	9.3	0.06	0.52
1998	0.2	2.8	7.8	0.03	0.36
1999	3.2	6.1	7.6	0.42	0.80
2000	4.5	9.5	8.4	0.54	1.13
2001	5.8	9.3	8.3	0.70	1.12
2002	9.0	11.8	9.1	0.99	1.30
2003	16.2	15.6	10.0	1.60	1.56
2004	16.8	15.4	10.1	1.66	1.52
2005	13.5	13.5	11.3	1.19	1.19
2006	9.6	14.6	12.7	0.76	1.15
2007	8.7	14.4	14.2	0.61	1.01
2008	2.9	5.6	9.7	0.30	0.58
2009	4.8	7.2	9.4	0.51	0.77
2010	7.3	13.2	10.6	0.69	1.25
2011	7.3	12.1	9.5	0.77	1.27
2012	3.9	5.9	7.9	0.49	0.75
2013	3.7	8.9	7.8	0.47	1.14

续表

年份	能源消费比上年增长（%）	电力消费比上年增长（%）	国内生产总值比上年增长（%）	能源消费弹性系数	电力消费弹性系数
2014	2.1	4.0	7.3	0.29	0.55
2015	1.0	2.9	6.9	0.14	0.42
2016	1.4	5.0	7.9	0.21	0.75

数据来源：国家统计局。

附表 1-4　　　　　中国一次能源消费量及结构

年份	能源消费总量（万 tce）	构成（能源消费总量为100）			
		煤炭	石油	天然气	水电、核电、风电
1978	57 144	70.7	22.7	3.2	3.4
1980	60 275	72.2	20.7	3.1	4.0
1985	76 682	75.8	17.1	2.2	4.9
1990	98 703	76.2	16.6	2.1	5.1
1991	103 783	76.1	17.1	2.0	4.8
1992	109 170	75.7	17.5	1.9	4.9
1993	115 993	74.7	18.2	1.9	5.2
1994	122 737	75.0	17.4	1.9	5.7
1995	131 176	74.6	17.5	1.8	6.1
1996	135 192	73.5	18.7	1.8	6.0
1997	135 909	71.4	20.4	1.8	6.4
1998	136 184	70.9	20.8	1.8	6.5
1999	140 569	70.6	21.5	2.0	5.9
2000	146 946	68.5	22.0	2.2	7.3
2001	155 547	68.0	21.2	2.4	8.4
2002	169 577	68.5	21.0	2.3	8.2
2003	197 083	70.2	20.1	2.3	7.4

续表

年份	能源消费总量（万 tce）	构成（能源消费总量为100）			
		煤炭	石油	天然气	水电、核电、风电
2004	230 281	70.2	19.9	2.3	7.6
2005	261 369	72.4	17.8	2.4	7.4
2006	286 467	72.4	17.5	2.7	7.4
2007	311 442	72.5	17.0	3.0	7.5
2008	320 611	71.5	16.7	3.4	8.4
2009	336 126	71.6	16.4	3.5	8.5
2010	360 648	69.2	17.4	4.0	9.4
2011	387 043	70.2	16.8	4.6	8.4
2012	402 138	68.5	17.0	4.8	9.7
2013	416 913	67.4	17.1	5.3	10.2
2014	425 806	65.6	17.4	5.7	11.3
2015	429 905	63.7	18.3	5.9	12.1
2016	436 000	62.0	18.3	6.4	13.3

数据来源：国家统计局。

附表 1-5　　　　　中国分品种能源产量

年份	能源生产总量（万 tce）	占能源生产总量的比重（%）			
		原煤	原油	天然气	一次电力及其他能源
1990	103 922	74.2	19.0	2.0	4.8
1991	104 844	74.1	19.2	2.0	4.7
1992	107 256	74.3	18.9	2.0	4.8
1993	111 059	74.0	18.7	2.0	5.3
1994	118 729	74.6	17.6	1.9	5.9
1995	129 034	75.3	16.6	1.9	6.2
1996	133 032	75.0	16.9	2.0	6.1

续表

年份	能源生产总量（万 tce）	占能源生产总量的比重（％）			
		原煤	原油	天然气	一次电力及其他能源
1997	133 460	74.3	17.2	2.1	6.5
1998	129 834	73.3	17.7	2.2	6.8
1999	131 935	73.9	17.3	2.5	6.3
2000	138 570	72.9	16.8	2.6	7.7
2001	147 425	72.6	15.9	2.7	8.8
2002	156 277	73.1	15.3	2.8	8.8
2003	178 299	75.7	13.6	2.6	8.1
2004	206 108	76.7	12.2	2.7	8.4
2005	229 037	77.4	11.3	2.9	8.4
2006	244 763	77.5	10.8	3.2	8.5
2007	264 173	77.8	10.1	3.5	8.6
2008	277 419	76.8	9.8	3.9	9.5
2009	286 092	76.8	9.4	4.0	9.8
2010	312 125	76.2	9.3	4.1	10.4
2011	340 178	77.8	8.5	4.1	9.6
2012	351 041	76.2	8.5	4.1	11.2
2013	358 784	75.4	8.4	4.4	11.8
2014	361 866	73.6	8.4	4.7	13.3
2015	361 476	72.2	8.5	4.8	14.5
2016	346 000	69.6	8.2	5.3	16.9

数据来源：国家统计局。

附表 1-6　　　　　中 国 能 源 进 出 口

类别		2000 年	2005 年	2010 年	2011 年
原油 (Mt)	出口	10.44	8.07	3.04	2.52
	进口	70.27	127.08	239.31	253.78
天然气 (亿 m³)	出口	31.4	29.7	40.3	41.0
	进口	—	—	164.7	310.0
煤炭 (Mt)	出口	58.84	71.68	19.03	14.66
	进口	2.02	26.17	164.78	182.40

类别		2012 年	2013 年	2014 年	2015 年	2016 年
原油 (Mt)	出口	2.44	1.62	0.60	2.8	—
	进口	271.09	282.14	308.36	335.8	381.0
天然气 (亿 m³)	出口	28.5	27.1	25.1	—	—
	进口	398.9	518.2	583.5	612	745
煤炭 (Mt)	出口	9.26	7.51	5.74	5.33	8.79
	进口	188.51	327.08	291.22	204.1	255

数据来源：能源数据分析手册；BP Statistical Review of World Energy, June 2017。

附表 1-7　　　世界一次能源消费量及结构（2016 年）

国家 (地区)	一次能源消费量 (Mtoe)	消费结构（%）					
		石油	天然气	煤	核能	水能	非水可再生能源
中国	3 053.0	19.0	6.2	61.8	1.6	8.6	2.8
美国	2 272.7	38.0	31.5	15.8	8.4	2.6	3.7
俄罗斯	673.9	22.0	52.2	13.0	6.6	6.3	0.0
印度	723.9	29.4	6.2	56.9	1.2	4.0	2.3
日本	445.3	41.4	22.5	26.9	0.9	4.1	4.2
加拿大	329.7	30.6	27.3	5.7	7.0	26.6	2.8
德国	322.5	35.0	22.4	23.3	5.9	1.5	11.8
巴西	297.8	46.6	11.0	5.5	1.2	29.2	6.4

续表

国家 （地区）	一次能源消费 量（Mtoe）	消费结构（%）					
		石油	天然气	煤	核能	水能	非水可再生能源
韩国	286.2	42.7	14.3	28.5	12.8	0.2	1.5
法国	235.9	32.4	16.2	3.5	38.7	5.7	3.5
伊朗	270.7	31.0	66.8	0.6	0.5	1.1	0.0
沙特阿拉伯	266.5	63.0	36.9	0.0	—	—	—
英国	188.1	38.9	36.7	5.8	8.6	0.6	9.3
墨西哥	186.5	44.4	43.2	5.3	1.3	3.6	2.2
印度尼西亚	175.0	41.5	19.4	35.8	—	1.9	1.5
意大利	151.3	38.4	38.4	7.2	—	6.1	9.9
西班牙	135.0	46.3	18.7	7.7	9.9	6.0	11.5
土耳其	137.9	29.9	27.5	27.8	—	11.0	3.8
南非	122.3	22.0	3.8	69.6	2.9	0.2	1.5
欧盟	1 642.0	37.4	23.5	14.5	11.6	4.8	8.3
OECD	5 529.1	37.7	27.0	16.5	8.1	5.7	4.9
世界	13 276.3	33.3	24.1	28.1	4.5	6.9	3.2

注　1. 非水可再生能源是用于发电的风能、地热、太阳能、生物质和垃圾。
　　2. 水能和非水可再生能源按火电站转换效率 38% 换算热当量。
数据来源：BP Statistical Review of World Energy，June 2017。

附表 1 - 8 　　　　**世界化石燃料消费量**

煤炭（Mtoe）							
国家（地区）	2010 年	2011 年	2012 年	2013 年	2014 年	2015 年	2016 年
中国	1 609.7	1 760.8	1 873.3	1 961.2	1 949.3	1 920.4	1 887.6
美国	523.9	495.5	437.8	4 854.6	453.8	396.3	358.4
印度	262.7	270.6	298.3	324.3	388.7	407.2	411.9
日本	123.7	117.7	124.4	128.6	118.7	119.4	119.9
俄罗斯	90.2	93.7	93.9	90.5	87.6	88.7	87.3

续表

煤炭（Mtoe）						
国家（地区）	2010 年	2011 年	2012 年	2013 年	2014 年	2015 年	2016 年
南非	90.0	89.1	89.8	88.7	90.1	85.0	85.1
韩国	75.9	76.0	81.8	81.9	84.6	84.5	81.6
德国	76.6	76.0	79.2	81.7	78.8	78.3	75.3
波兰	56.4	56.1	54.0	55.8	49.4	49.8	48.8
澳大利亚	57.6	51.7	49.3	44.9	44.7	46.6	43.8
世界	3 532.0	3 724.3	3 730.1	3 867.0	3 911.2	3 839.9	3 732.0

石油（Mt）						
国家（地区）	2010 年	2011 年	2012 年	2013 年	2014 年	2015 年	2016 年
美国	847.4	837.0	819.9	832.1	838.1	856.5	863.1
中国	437.7	461.8	483.7	503.5	526.8	561.8	578.7
日本	204.1	204.7	218.6	207.9	197.3	189.0	184.3
印度	155.4	163.0	171.6	175.2	180.8	195.8	212.7
俄罗斯	134.3	143.5	147.5	146.8	150.8	144.2	148.0
沙特阿拉伯	123.5	124.4	129.7	132.4	160.1	166.6	167.9
巴西	118.3	122.2	125.6	135.2	143.4	146.6	138.8
德国	115.4	112.0	111.5	113.4	110.4	110.0	113.0
韩国	105.0	105.8	108.8	108.3	107.9	113.8	122.1
加拿大	101.3	105.0	104.3	103.5	103.3	99.1	100.9
墨西哥	88.5	90.3	92.6	89.7	85.2	84.4	82.8
伊朗	88.3	89.6	89.6	95.1	93.1	84.5	83.8
法国	84.5	83.7	80.9	79.3	76.9	76.8	76.4
英国	73.5	71.1	68.5	69.3	69.9	71.8	73.1
新加坡	61.0	63.7	63.3	64.0	65.9	69.4	72.2
西班牙	72.1	68.8	64.7	59.3	59.0	61.2	62.5
世界	4038	4 081.4	4 130.5	4 179.1	4 251.6	4 341.0	4 418.2

续表

天然气（亿 m³）						
国家（地区）	2010 年	2011 年	2012 年	2013 年	2014 年	2015 年	2016 年
美国	6821	6931	7232	7406	7530	7732	7786
俄罗斯	4141	4246	4162	4135	4097	4028	3909
中国	1112	1371	1509	1719	1884	1948	2103
伊朗	1529	1622	1615	1629	1837	1908	2008
日本	945	1055	1169	1169	1180	1134	1112
加拿大	950	1009	1002	1039	1042	1025	999
沙特阿拉伯	877	923	993	1000	1024	1045	1094
德国	841	773	775	812	706	735	805
墨西哥	725	766	799	833	868	871	895
英国	942	781	739	730	667	681	767
阿联酋	608	632	656	669	659	738	766
意大利	756	709	682	638	563	614	645
世界	3187	3 245.9	3 337.7	3 383.8	3 400.8	3 480.1	3 542.9

数据来源：BP Statistical Review of World Energy，June 2017。

附表 1 - 9　　世界石油、天然气、煤炭产量

石油（Mt）						
国家（地区）	2010 年	2011 年	2012 年	2013 年	2014 年	2015 年	2016 年
沙特阿拉伯	473.8	525.8	547.0	538.4	543.4	568.5	585.7
俄罗斯	505.1	511.4	526.2	5 391.0	534.1	540.7	554.3
美国	339.9	352.3	399.9	448.5	522.8	567.2	543.0
中国	202.4	202.9	207.5	209.5	211.4	214.6	199.7
加拿大	164.4	172.6	182.6	194.4	209.6	215.5	218.2
伊朗	207.1	205.8	174.9	165.8	174.7	182.6	216.4
阿联酋	131.4	150.1	154.1	165.7	166.6	175.5	182.4

续表

石油（Mt）						
国家（地区）	2010 年	2011 年	2012 年	2013 年	2014 年	2015 年	2016 年
科威特	122.7	140.0	152.5	151.5	150.8	149.1	152.7
墨西哥	146.3	145.1	143.9	141.8	137.1	127.6	121.4
伊拉克	121.4	136.9	152.4	153.2	160.3	197.0	218.9
委内瑞拉	145.7	141.6	139.2	137.6	138.2	135.2	124.1
尼日利亚	117.2	117.4	116.2	110.7	114.8	113.0	98.8
巴西	111.7	114.6	112.2	109.8	122.1	131.8	136.7
挪威	98.6	93.4	87.5	83.2	85.3	88.0	90.4
世界	3 945.4	3 995.6	4 118.9	4 126.6	4 228.7	4 361.9	4 382.4
OPEC	1 645.9	1 695.9	1 778.4	1 734.4	1 733.3	1 806.6	1 864.2

天然气（亿 m³）						
国家（地区）	2010 年	2011 年	2012 年	2013 年	2014 年	2015 年	2016 年
美国	6036	6485	6805	6854	7331	7662	7492
俄罗斯	5889	6070	5923	6047	5817	5751	5794
伊朗	1524	1599	1662	1668	1858	1894	2024
卡塔尔	1312	1453	1570	1776	1741	1785	1812
加拿大	1445	1444	1411	1414	1472	1491	1520
中国	991	1090	1118	1222	1316	1361	1384
挪威	1073	1013	1147	1087	1088	1172	1166
沙特阿拉伯	877	923	993	1000	1024	1045	1094
阿尔及利亚	804	827	815	824	833	846	913
印度尼西亚	857	815	771	765	753	750	276
马来西亚	562	622	615	673	684	712	738
荷兰	705	641	638	686	579	433	402

续表

天然气（亿 m³）						
国家（地区）	2010 年	2011 年	2012 年	2013 年	2014 年	2015 年	2016 年
土库曼斯坦	424	595	623	623	671	696	668
墨西哥	576	583	572	582	571	541	472
埃及	613	614	609	561	488	443	418
阿联酋	513	523	543	546	542	602	619
乌兹别克斯坦	424	595	623	623	671	696	628
世界	31 922	32 902	33 523	34 039	34 659	35 306	35 516

煤炭（Mt）						
国家（地区）	2010 年	2011 年	2012 年	2013 年	2014 年	2015 年	2016 年
中国	3428	3764	3945	3974	3874	3747	3 411.0
美国	984	994	922	893	907	813	660.6
印度	573.8	588.5	606	619	644	678	692.4
澳大利亚	433	421	445	471	491	485	492.8
印度尼西亚	275	353	386	449	458	392	692.4
俄罗斯	323	337	358	355	358	373	385.4
南非	255	253	259	257	281	252	251.3
德国	182	189	196	191	186	184	176.1
波兰	133	139	144	143	137	136	131.1
哈萨克斯坦	111	116	121	120	114	107	102.4
世界	7 484.4	7 977.5	8205	8255	8206	7861	7 460.4

注　煤炭包括硬煤和褐煤。2012 年褐煤产量（Mt）：中国 510，德国 185，俄罗斯 77，澳大利亚 71，美国 72，波兰 64，印度 47，土耳其 68。

数据来源：BP Statistical Review of World Energy，June 2017。

附表 1 - 10

世 界 发 电 量

TW·h

国家（地区）	2006年	2007年	2008年	2009年	2010年	2011年	2012年	2013年	2014年	2015年	2016年
中国	2 869.7	3 281.6	3 495.8	3 714.7	4 207.2	4 713.0	4 937.8	5 397.6	5 649.6	5 810.6	6 142.5
美国	4 266.3	4 365.0	4 325.4	4 149.6	4 325.9	4 302.9	4 256.1	4 267.1	4 297.3	4 303.0	4 350.8
日本	1 164.3	1 180.1	1 183.7	1 114.0	1 145.3	1 104.2	1 101.5	1 094.0	1 061.2	1 035.5	999.6
印度	738.7	797.9	824.5	869.8	922.2	1 006.2	1 053.9	1 053.9	1 102.9	1 304.8	1 400.8
俄罗斯	992.1	1 018.7	1 040.0	993.1	1 036.8	1 054.9	1 066.4	1 045.0	1 064.1	1 063.4	1 087.1
加拿大	602.5	621.7	664.5	634.1	629.9	600.4	610.2	629.9	608.2	633.3	663.0
德国	636.8	637.6	637.3	593.2	621.0	608.9	617.6	606.1	614.0	647.1	648.4
巴西	419.3	444.6	463.1	456.6	484.8	531.8	553.7	583.6	582.3	579.8	581.7
法国	574.6	569.8	574.6	542.4	573.6	564.3	560.5	553.8	555.7	568.8	553.4
韩国	403.6	426.6	442.6	454.3	497.2	518.1	522.3	534.7	—	—	551.2
世界	19 025.5	19 907.8	20 342.0	20 135.5	21 325.1	22 050.9	22 504.3	23 127.0	23 867.0	24 097.7	24 816.4

数据来源：国家统计局；BP Statistical Review of World Energy, June 2017。

附表 1 - 11　　　人均能源与经济指标的国际比较（2016 年）

类别	中国	美国	德国	英国	日本	俄罗斯	印度	世界
人口（百万）	1 403.5	322.2	82.0	65.8	127.7	144.0	1 324.2	7 467.0
人均 GDP（美元）	7979	57 636	42 322	39 808	38 665	8913	1709	10 117
人均一次能源消费量（kgoe）	2175	7054	3937	2859	3486	4681	547	1778
石油	412	2679	1379	1111	1143	1028	161	592
煤	1345	1112	919	167	939	606	311	500
天然气	135	2223	884	1049	784	2444	34	429
核电	34	595	233	246	31	309	6	79
水电	187	184	59	18	142	293	22	122
可再生能源	61	260	463	266	147	1	12	56

数据来源：人口数据来源于联合国；GDP 数据来源于世界银行，为 2016 年现货美元；能源消费数据来源于 BP Statistical Review of World Energy，June 2017。

附录 2　节能减排政策法规

附表 2－1　　2016 年国家出台的节能减排相关政策

类别	文件名称	文号	发布部门	发布时间	
目标责任、总体规划	关于在能源领域积极推广政府和社会资本合作模式的通知	国能法改〔2016〕96 号	国家能源局	3 月31 日	2016 年
	国家能源局关于印发《电力规划管理办法》的通知	国能电力〔2016〕139 号	国家能源局	5 月17 日	
	工业和信息化部关于印发《工业绿色发展规划（2016—2020 年）》的通知	工信部规〔2016〕225 号	工业和信息化部	6 月30 日	
	关于印发《全国生态保护"十三五"规划纲要》的通知	环生态〔2016〕151 号	环境保护部	10 月27 日	
	国家能源局关于印发《生物质能发展"十三五"规划》的通知	国能新能〔2016〕291 号	国家能源局	10 月28 日	
	关于印发《国家环境保护"十三五"科技发展规划纲要》的通知	环科技〔2016〕160 号	环境保护部、科技部	11 月14 日	
	国家能源局关于印发《风电发展"十三五"规划》的通知	国能新能〔2016〕314 号	国家能源局	11 月29 日	
	国务院关于印发"十三五"生态环境保护规划的通知	国发〔2016〕65 号	国务院	12 月5 日	

续表

类别	文件名称	文号	发布部门	发布时间	
目标责任、总体规划	国家发展改革委关于印发《可再生能源发展"十三五"规划》的通知	发改能源〔2016〕2619 号	国家发展改革委	12月16日	2016 年
	国家能源局关于印发《太阳能发展"十三五"规划》的通知	国能新能〔2016〕354 号	国家能源局	12月16日	
	国务院关于印发《"十三五"节能减排综合工作方案》的通知	国发〔2016〕74 号	国务院	12月20日	
	关于印发《"十三五"全民节能行动计划》的通知	发改环资〔2016〕2705 号	国家发展改革委、科技部、工业和信息化部、财政部、住房和城乡建设部等 13 部门	12月23日	
	关于印发《"十三五"节能环保产业发展规划》的通知		国家发展改革委、科技部、工业和信息化部、环境保护部	12月26日	
	关于印发煤炭工业发展"十三五"规划的通知	发改能源〔2016〕2714 号	国家发展改革委、国家能源局	12月30日	
经济激励、财税政策	关于降低燃煤发电上网电价和一般工商业用电价格的通知	发改价格〔2015〕3105 号	国家发展改革委	1月4日	2016 年
	关于提高可再生能源发展基金征收标准等有关问题的通知	财税〔2016〕4 号	财政部、国家发展改革委	1月5日	

续表

类别	文件名称	文号	发布部门	发布时间	
经济激励、财税政策	关于"十三五"新能源汽车充电基础设施奖励政策及加强新能源汽车推广应用的通知	财建〔2016〕7 号	工信部	1 月 11 日	2016 年
	关于进一步完善成品油价格形成机制有关问题的通知	发改价格〔2016〕64 号	国家发展改革委	1 月 13 日	
	关于煤炭安全绿色开发和清洁高效利用先进技术与装备拟推荐目录（第一批）的公示		国家能源局	1 月 18 日	
	工业和信息化部发布《高耗能落后机电设备（产品）淘汰目录（第四批)》		工业和信息化部	3 月 14 日	
	质检总局关于继续开展燃煤锅炉节能减排攻坚战的通知	质检特函〔2016〕21 号	国家质检总局	4 月 26 日	
	关于做好风电、光伏发电全额保障性收购管理工作的通知	发改能源〔2016〕1150 号	国家发展改革委、能源局	5 月 27 日	
	关于调整公布第二十期节能产品政府采购清单的通知	财库〔2016〕118 号	财政部、国家发展改革委	7 月 29 日	
	三部门关于公布可再生能源电价附加资金补助目录（第六批）的通知	财建〔2016〕669 号	财政部、国家发展改革委、能源局	8 月 24 日	
	国家发展改革委关于太阳能热发电标杆上网电价政策的通知	发改价格〔2016〕1881 号	国家发展改革委	8 月 29 日	

续表

类别	文件名称	文号	发布部门	发布时间	
经济激励、财税政策	工业和信息化部、国家发展改革委办公厅关于印发水泥企业电耗核算办法的通知	工信厅联节〔2016〕139 号	工业和信息化部、国家发展改革委	9 月 2 日	2016 年
	《节能机电设备（产品）推荐目录（第七批）》和《"能效之星"产品目录（2016）》公示		工业和信息化部	9 月 28 日	
	工业节能与绿色发展评价中心名单（第一批）公示		工业和信息化部	10 月 31 日	
	工业和信息化部公布"能效之星"产品目录（2016）		工业和信息化部	11 月 21 日	
	国家发展改革委关于调整光伏发电陆上风电标杆上网电价的通知	发改价格〔2016〕2729 号	国家发展改革委	12 月 28 日	
	关于调整新能源汽车推广应用财政补贴政策的通知	财建〔2016〕958 号	财政部、科技部、工业和信息化部、国家发展改革委	12 月 29 日	
	"节能产品政府采购清单"（第二十一期）公示通知		国家发展改革委	12 月 30 日	
重点工程〔调整结构〕	关于切实做好全国碳排放权交易市场启动重点工作的通知		国家发展改革委	1 月 19 日	2016 年
	关于推进电能替代的指导意见	发改能源〔2016〕1054 号	国家发展改革委	5 月 16 日	

续表

类别	文件名称	文号	发布部门	发布时间	
重点工程〔调整结构〕	关于推进多能互补集成优化示范工程建设的实施意见	发改能源〔2016〕1430号	国家发展改革委、能源局	7月4日	2016年
	国家发展改革委印发《关于加快推进国家"十三五"规划〈纲要〉重大工程项目实施工作的意见》的通知	发改规划〔2016〕1641号	国家发展改革委、	7月27日	
	国家能源局关于建设太阳能热发电示范项目的通知	国能新能〔2016〕223号	国家能源局	9月13日	
实施方案〔行动计划、实施意见〕	节能低碳和循环经济行政处罚裁量基准（试行）	京发改规〔2016〕6号	北京国家发展改革委	2月14日	2016年
	《能源效率标识管理办法》	2016年第35号	国家发展改革委、质检局	2月29日	
	《工业节能管理办法》	中华人民共和国工业和信息化部令 第33号	工信部	4月27日	
	关于印发2016年各省（区、市）煤电超低排放和节能改造目标任务的通知	国能电力〔2016〕184号	能源局、环境保护部	6月28日	
	关于做好2016年度煤炭消费减量替代有关工作的通知	发改办环资〔2016〕1623号	国家发展改革委	7月11日	
	工业和信息化部关于印发高效节能环保工业锅炉产业化实施方案的通知	工信厅节函〔2016〕492号	工业和信息化部	7月19日	

续表

类别	文件名称	文号	发布部门	发布时间	
实施方案〔行动计划、实施意见〕	关于加快居民区电动汽车充电基础设施建设的通知	发改能源〔2016〕1611 号	国家发展改革委、能源局、工业和信息化部、建设局	7 月25 日	2016 年
	国家发展改革委关于开展用能权有偿使用和交易试点工作的函	发改环资〔2016〕1659 号	国家发展改革委	7 月28 日	
	《绿色制造工程实施指南（2016－2020 年)》		工业和信息化部、发展改革委、财政部、科技部联合	9 月14 日	
	关于煤炭工业"十三五"节能环保与资源综合利用的指导意见		中国煤炭加工利用协会	10 月9 日	
	关于国家自愿减排交易注册登记系统开户事项的公告		国家发展改革委	10 月13 日	
	国务院关于印发"十三五"控制温室气体排放工作方案的通知	国发〔2016〕61 号	国务院	11 月4 日	
	工业和信息化部关于进一步做好新能源汽车推广应用安全监管工作的通知	工信部装〔2016〕377 号	工业和信息化部	11 月15 日	
	国家发展改革委发布《固定资产投资项目节能审查办法》	中华人民共和国国家发展和改革委员会令第 44 号	国家发展改革委	11 月27 日	

续表

类别	文件名称	文号	发布部门	发布时间	
实施方案〔行动计划、实施意见〕	两部委关于加快我国包装产业转型发展的指导意见	工信部联消费〔2016〕397 号	工业和信息化部、商务部	12 月 19 日	2016 年
	关于开展火电、造纸行业和京津冀试点城市高架源排污许可证管理工作的通知	排污许可证管理	环境保护部	12 月 28 日	
监督考核	《节能监察办法》	2016 年第 33 号令	国家发展改革委	1 月 15 日	2016 年
	关于开展"十二五"单位国内生产总值二氧化碳排放降低目标责任考核评估的通知	发改办气候〔2016〕1238 号	国家发展改革委	5 月 15 日	
	工业和信息化部办公厅关于开展国家重大工业节能专项监察的通知	工信厅节函〔2016〕350 号	工业和信息化部	5 月 20 日	
	关于开展钢铁行业能耗专项检查的通知	工信厅联节函〔2016〕386 号	工业和信息化部、国家发展改革委	6 月 1 日	
	关于开展煤炭行业能耗情况专项检查的通知	发改办环资〔2016〕1487 号	国家发展改革委、能源局	6 月 14 日	
	关于印发《国家重大工业节能专项监察工作手册(2016 年版)》的通知	工信厅节函〔2016〕561 号	工业和信息化部	8 月 23 日	
	国家发展改革委办公厅国家能源局综合司关于开展煤炭行业能耗情况专项检查工作的通知	发改办环资〔2016〕1903 号	国家发展改革委、能源局	8 月 23 日	

续表

类别	文件名称	文号	发布部门	发布时间	
监督考核	两部门联合公告 2015 年各地区淘汰落后和过剩产能目标任务完成情况	公告 2016 年第 50 号	工业和信息化部、国家能源局	9 月 19 日	2016 年
	工业和信息化部办公厅关于开展国家重大工业节能监察专项督查的通知	工信厅节函〔2016〕628 号	工业和信息化部	9 月 26 日	
	关于印发《绿色发展指标体系》《生态文明建设考核目标体系》的通知	发改环资〔2016〕2635 号	国家发展改革委、国家统计局、环境保护部、组织部	12 月 12 日	

附表 2 - 2　　　　　　　　2016 年能耗限额标准

序号	标准号	标准名称
1	GB 25327—2017	氧化铝单位产品能源消耗限额
2	GB 33654—2017	建筑石膏单位产品能源消耗限额
3	GB 21258—2017	常规燃煤发电机组单位产品能源消耗限额
4	JB/T 12731—2016	中小电机单位产品能源消耗限额
5	DB37/778—2016	燃煤机组（锅炉）供热综合能源消耗限额
6	DB33/767—2016	烧结墙体材料单位产品能源消耗限额
7	DB31/T 991—2016	沥青混合料单位产品综合能源消耗限额
8	DB31/971—2016	硬聚氯乙烯（PVC - U）管材单位产品能源消耗限额
9	DB31/970—2016	建筑用人造石单位产品能源消耗限额
10	DB31/969—2016	轨道交通用预制混凝土衬砌管片单位产品能源消耗限额
11	DB37/838—2016	沿海港口能源消耗限额

续表

序号	标准号	标准名称
12	DB32/T 3150—2016	普通轿车及普通运动型乘用车单位产品能源消耗限额
13	DB32/T 3148—2016	矿渣粉单位产品能源消耗限额
14	DB32/T 3143—2016	粗钢生产主要工序单位产品能源消耗限额及计算方法
15	DB32/T 3142—2016	卫生陶瓷单位产品能源消耗限额及计算方法
16	DB22/T 2446—2016	原油开采单位产品能源消耗限额

附表 2-3　　　　　**2016 年能效标准**

序号	标准号	标准名称
1	GB/T 32910.3—2016	数据中心　资源利用　第 3 部分：电能能效要求和测量方法
2	GB/T 31960.10—2016	电力能效监测系统技术规范　第 10 部分：电力能效监测终端检验规范
3	GB/T 31960.11—2016	电力能效监测系统技术规范　第 11 部分：电力能效信息集中与交互终端检验规范
4	GB/T 31960.9—2016	电力能效监测系统技术规范　第 9 部分：系统检验规范
5	GB/T 31960.3—2015	电力能效监测系统技术规范　第 3 部分：通信协议
6	NB/T 42084—2016	起重及冶金用三相异步电动机能效限定值及能效等级
7	SN/T 1429.13—2016	进出口信息技术设备检验规程　第 13 部分：影像设备的能效
8	JB/T 12730—2016	YKK、YXKK 系列高压三相异步电动机技术条件及能效分级（机座号 355~630）
9	JB/T 12729—2016	YKK、YXKK 系列 10kV 三相异步电动机技术条件及能效分级（机座号 400~630）
10	JB/T 12728—2016	Y、YX 系列高压三相异步电动机技术条件及能效分级（机座号 355~630）

续表

序号	标准号	标准名称
11	JB/T 12745—2016	电动葫芦　能效限额
12	JTS/T 106—2016	水运工程建设项目节能评估规范（附条文说明）
13	MH/T 5112—2016	民用机场航站楼能效评价指南
14	DB35/T 1588—2016	燃生物质成型燃料工业锅炉能效限定值
15	DB31/T 990—2016	轻型汽车用发动机能效等级及测量方法
16	ISO/IEC TR 30132‐1—2016	信息技术　信息技术可持续性　节能计算模型　第1部分：能效评价指南
17	ISO/TR 16822—2016	建筑物环境设计　采暖、通风、空调、家用热水设备相关能效的试验程序列表
18	BS EN 16796‐1—2016	工业卡车的能效　测试方法　一般
19	BS EN 16796‐2—2016	工业卡车的能效　测试方法　操作员控制的自走式卡车，牵引拖拉机和负载卡车
20	BS EN 16796‐3—2016	工业卡车的能效　测试方法　集装箱搬运车
21	BS EN 50598‐2—2014＋A1—2016	电动驱动系统，电动机起动器，电力电子及其驱动应用的生态设计　电力驱动系统和电动机起动器的能效指标
22	DB32/T 3140—2016	水泥企业能效对标指南
23	DB32/T 3139—2016	钢铁企业能效对标指南
24	DB23/T 1797—2016	燃煤工业锅炉能效监测规范
25	DB50/T 687—2016	汽油机水泵能效限值及测量方法
26	DB11/T 1318—2016	电力需求侧管理能效监测设备应用技术要求

附录 3 "十三五"主要领域节能相关目标

附表 3-1 "十三五"时期能源发展主要指标

类别	指标	单位	2015 年	2020 年	年均增长	属性
能源总量	一次能源生产量	亿 tce	36.2	40	2.0%	预期性
	电力装机总量	亿 kW	15.3	20	5.5%	预期性
	能源消费总量	亿 tce	43	<50	<3%	预期性
	煤炭消费总量	亿 t 原煤	39.6	41	0.7%	预期性
	全社会用电量	万亿 kW·h	5.69	6.8~7.2	3.6%~4.8%	预期性
能源安全	能源自给率	%	84	>80		预期性
能源结构	非化石能源装机比重	%	35	39	[4]	预期性
	非化石能源发电量比重	%	27	31	[4]	预期性
	非化石能源消费比重	%	12	15	[3]	约束性
	天然气消费比重	%	5.9	10	[4.1]	预期性
	煤炭消费比重	%	64	58	[-6]	约束性
	电煤占煤炭消费比重	%	49	55	[6]	预期性
能源效率	单位国内生产总值能耗降低	%	—	—	[15]	约束性
	煤电机组供电煤耗	[gce/(kW·h)]	318	<310		约束性
	电网线损率	%	6.64	<6.5		预期性
能源环保	单位国内生产总值二氧化碳排放降低	%	—	—	[18]	约束性

注 [ ]内为五年累计值。

资料来源:《能源发展"十三五"规划》。

附表 3 - 2　　"十三五"主要行业和部门节能指标

指标		单位	2015 年实际值	2020 年	
				目标值	变化幅度/变化率
工业	单位工业增加值（规模以上）能耗				[－18%]
	火电供电煤耗	gce/(kW·h)	315	306	－9
	吨钢综合能耗	kgce	572	560	－12
	水泥熟料综合能耗	kgce/t	112	105	－7
	电解铝液交流电耗	kW·h/t	13 350	13 200	－150
	炼油综合能耗	kgoe/t	65	63	－2
	乙烯综合能耗	kgce/t	816	790	－26
	合成氨综合能耗	kgce/t	1331	1300	－31
	纸及纸板综合能耗	kgce/t	530	480	－50
建筑	城镇既有居住建筑节能改造累计面积	亿 m²	12.5	17.5	＋5
	城镇公共建筑节能改造累计面积	亿 m²	1	2	＋1
	城镇新建绿色建筑标准执行率	%	20	50	＋30
交通运输	铁路单位运输工作量综合能耗	tce/百万换算吨公里	4.71	4.47	[－5%]
	营运车辆单位运输周转量能耗下降率				[－6.5]
	营运船舶单位运输周转量能耗下降率				[－6]
	民航业单位运输周转量能耗	kgce/(t·km)	0.433	＜0.415	＞[－4%]
	新生产乘用车平均油耗	L/bkm	6.9	5	－1.9

续表

指标		单位	2015 年实际值	2020 年	
				目标值	变化幅度/变化率
公共机构	公共机构单位建筑面积能耗	kgce/m²	20.6	18.5	〔－10％〕
	公共机构人均能耗	kgce	370.7	330.0	〔－11％〕
终端用能设备	燃煤工业锅炉（运行）效率	％	70	75	＋5
	电动机系统效率	％	70	75	＋5
	一级能效容积式空气压缩机市场占有率 小于 55kW	％	15	30	＋15
	55～220kW	％	8	13	＋5
	大于 220kW	％	5	8	＋3
	一级能效电力变压器市场占有率	％	0.1	10	＋9.9
	二级以上能效房间空调器市场占有率	％	22.6	50	＋27.4
	二级以上能效电冰箱市场占有率	％	98.3	99	＋0.7
	二级以上能效家用燃气热水器市场占有率	％	93.7	98	＋4.3

注　〔　〕内为变化率。

资料来源:《"十三五"节能减排综合工作方案》。

附表 3 - 3　　"十三五"时期工业绿色发展主要指标

指　标	2015 年	2020 年	累计降速
（1）规模以上企业单位工业增加值能耗下降（％）	—	—	18
其中：吨钢综合能耗（kgce）	572	560	
水泥熟料综合能耗（kgce/t）	112	105	
电解铝液交流电耗（kW·h/t）	13 350	13 200	
炼油综合能耗（kgoe/t）	65	63	

续表

指　　标	2015 年	2020 年	累计降速
乙烯综合能耗（kgce/t）	816	790	
合成氨综合能耗（kgce/t）	1331	1300	
纸及纸板综合能耗（kgce/t）	530	480	
（2）单位工业增加值二氧化碳排放下降（%）	—	—	22
（3）单位工业增加值用水量下降（%）	—	—	23
（4）重点行业主要污染物排放强度下降（%）	—	—	20
（5）工业固体废物综合利用率（%）	65	73	
其中：尾矿（%）	22	25	
煤矸石（%）	68	71	
工业副产石膏（%）	47	60	
钢铁冶炼渣（%）	79	95	
赤泥（%）	4	10	
（6）主要再生资源回收利用量（亿 t）	2.2	3.5	
其中：再生有色金属（万 t）	1235	1800	
废钢铁（万 t）	8330	15 000	
废弃电器电子产品（亿台）	4	6.9	
废塑料（国内）（万 t）	1800	2300	
废旧轮胎（万 t）	550	850	
（7）绿色低碳能源占工业能源消费量比重（%）	12	15	
（8）六大高耗能行业占工业增加值比重（%）	27.8	25	
（9）绿色制造产业产值（万亿元）	5.3	10	

　　注　本表均为指导性指标，大多为全国平均值，各地区可结合实际设置目标。

　　资料来源：《工业绿色发展规划（2016—2020）》。

参 考 文 献

[1] 国家统计局. 2017 中国统计年鉴. 北京：中国统计出版社，2017.

[2] 国家统计局能源统计司. 中国能源统计年鉴 2016. 北京：中国统计出版社，2017.

[3] 中国电力企业联合会. 2016 年电力工业统计资料汇编.

[4] BP Statistical Review of World Energy 2017，June 2017.

[5] 国际能源署. 能效市场报告 2016 中国特刊. 2016.

[6] 中国电力企业联合会. 中国电力行业年度发展报告 2017.

[7] 王庆一. 2016 能源数据.

[8] 上海交通大学城市科学研究院，北京交通大学中国城市研究中心. 2016－2020 中国城镇化率增长预测报告. 2017 年 1 月 12 日.

[9] 肖新建，杨光，田磊，等. 2016 年我国能源形势分析和 2017 年形势展望. 中国能源，2017，39（3）：5‐12.

[10] 戴彦德，田智宇. 全面发挥节能"第一能源"作用，推动生态文明建设迈上新台阶. 中国能源，2017，39（5）：4‐6.

[11] 周宏春. 新常态下的节能降耗，优化产业结构成关键. 中国经济导报，2017 年 6 月 9 日.

[12] 陈晓东，金碚. 供给侧结构性改革下的节能减排与我国经济转型升级. 经济纵横，2016，（7）：18‐22.

[13] 沙剑青. 节能：可持续发展的必然选择. 中国节能服务，2017 年 7 月 13 日.

［14］中国电子信息产业发展研究院. 2015－2016 年中国工业节能减
　　 排发展蓝皮书. 北京：人民出版社，2016.

［15］清华大学建筑节能研究中心. 中国建筑节能年度发展研究报告
　　 2016. 北京：中国建筑工业出版社，2016.